U0781487

不做盗版的别人

只做限量版的自己

陈阿咪————著

台海出版社

图书在版编目（CIP）数据

不做盗版的别人 只做限量版的自己 / 陈阿咪著 .
-- 北京 : 台海出版社 , 2020.5
ISBN 978-7-5168-2454-2

Ⅰ . ①不… Ⅱ . ①陈… Ⅲ . ①成功心理—通俗读物
Ⅳ . ① B848.4-49

中国版本图书馆 CIP 数据核字 (2019) 第 229481 号

不做盗版的别人 只做限量版的自己

陈阿咪 著

出 版 人	蔡 旭	
策 划	谢国计	
责任编辑	员晓博	
装帧设计	米 乐	
内文制作	米 乐	

出 版	台海出版社	
地 址	北京市东城区景山东街 20 号	
邮 编	100009	
电 话	010-64041652（发行、邮购）	
传 真	010-84045799（总编室）	
网 址	www.taimeng.org.cn/thcbs/default.htm	
电子邮箱	thcbs@126.com	

发 行	全国各地新华书店	
印 刷	三河市人民印务有限公司	

开 本	880 毫米 ×1230 毫米 1/32	
字 数	200 千字	
印 张	8	
版 次	2020 年 5 月第 1 版	
印 次	2020 年 5 月第 1 次印刷	

书 号	ISBN 978-7-5168-2454-2	
定 价	42.00 元	

（版权所有 侵权必究 印装问题 致电发行）

目录
CONTENTS

第 1 章　我们心里都有"病"

第 2 章　直面生活的种种喜悦与悲怆

第 3 章　用力爱过的人，不该计较

第4章 谢谢你，做我平凡世界里的英雄

第5章 失意也不失态

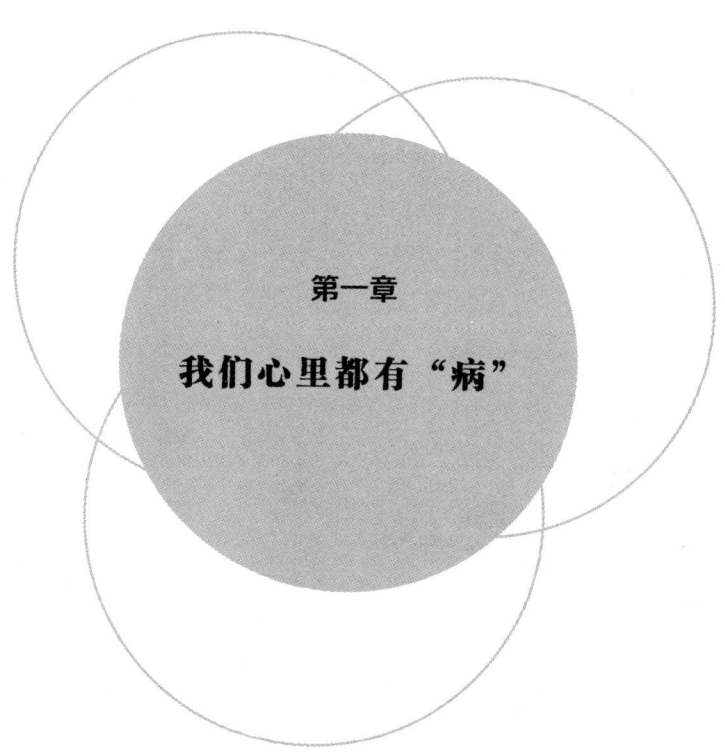

第一章

我们心里都有"病"

成年人的世界，早把情绪戒了

1

你能看出来，办公室里坐你对面的同事，今天是开心还是难过吗？你能看出来，今天给大家开会时侃侃而谈的领导，是快乐还是悲伤吗？你能看出来，路上偶遇的老朋友，几句寒暄的背后，他最近过得好不好？礼貌的寒暄、克制的情绪、恰到好处的矜持，这大概就是寻常人都有的模样吧。

2

成年人的世界，早把情绪戒了。成年人的世界，谈情绪太奢侈了。杨幂早期接受过一个采访。她说她是一个对自己挺狠的人，而"被狠掉"的第一条就是情绪。"我把情绪戒掉了。""就是和自己死磕，对自己下命令。有一次，有件事让我很生气，我对自己说，给你二十四个小时的时间，你必须把这件事压下去。这一天，什么都不做，让自己过去。"这个从童年时期便开始做演员，早早便"混迹"于各大剧组的姑娘，或许是不定期转场的漂泊生活让她过早地明白了，人要想轻装上阵行走自如，就要学会断舍离，包括小情绪。

所以人越长大，越懂得要不动声色。就像村上春树在《舞！舞！舞！》中写道："你要做一个不动声色的大人了。不准情绪化，不准偷偷想念，不准回头看，去过自己另外的生活。"

去年我有个朋友和相爱多年的男朋友分手了。有一天见面吃饭，她慢悠悠地提起过往。

"难过吗？"

"难过得快要死去。"

"你看起来不像啊。"

"非要撕心裂肺地在这里痛哭吗？"

她突然哈哈笑了，但眼里分明有泪花，一闪而过的光亮恰巧被我捕捉到。于是她迅速埋下头，调整好情绪，迅速换个话题。

人越成熟，相伴而生的品质便是克制，是三缄其口，是知道说了并不能改变什么，是懂得了熬过去就好了，于是一个人死扛到底。所以我们不会像小时候一样一不如意就哇哇大哭，更多的时候，即便心中五味杂陈，话到嘴边也只是云淡风轻地笑笑，然后独自走过那些你最伤心的晚上。你躺在自己的床上，纵然有无数的辛酸痛楚，有数不清的思念愁绪，还有驱散不开的迷茫惆怅，但这些你谁都不会告诉。它们适合在无人的夜，在心里、脑里、胃里反复翻滚，然后在关灯的时候一起随着你沉睡。明早起来，你便假装你已将昨夜的一切忘记了。

3

能控制情绪的人，方能控制人生。不被情绪绑架，才能野蛮生长。

拿破仑说过：能控制好自己情绪的人，比能拿下一座城池的将军更伟大。在电影《三块广告牌》里，米尔德雷德的女儿遭遇意外，在数月后警方依然没有任何进展，绝望和痛苦的米尔德雷德，开始了冷静而理智的复仇计划。

当小镇开始遗忘她的悲剧时，她租下了高速公路边无人问津的三块巨型广告牌，在上面控诉警方办案无能，并将矛头直接对准了警察局局长。因为这三块广告牌，这座小镇内部的情绪开始翻覆，事件发展轨迹开始倾斜。而在破案的过程中，警察局局长威洛比一直隐瞒着自己身患绝症命不久矣的事实。

我的父亲从小就告诉我，那种看不出喜怒哀乐的人最是"可怕"。因为不会被愤怒情绪冲昏头脑的人太理智，很难被激怒也就很难被他人左右，时刻保持清醒，想不步步为营都难；不会被悲伤影响思绪的人，看似冷酷无情，实则是坚韧，他们的内心强大到不可撼摇；不将好恶显于色的人，是真正的聪明人，活得很克制，少了无数是非纠葛……

林语堂说过，一个心地干净、思路清晰、没有多余情绪和妄念的人，是会带给人安全感的。因为他不伤人，也不自伤，不制造麻烦，也不麻烦别人。从某种程度上来说，这是一种持戒。没有情绪，不失为一种强大。

4

做个温柔而有力量的人。人活一世，谁能没点伤心事。何炅在微博上说过：坏情绪还是少挂在嘴边比较好。家人听了难过，朋友听了担心，对手听了偷笑，更让自己顾影自怜，丧失斗志。负面情绪就像长在背上的痘痘，小心别碰到，它默默就好了，没必要天天亮出来大肆做广告。

有一次和同事闲聊，她说高中老师留给她印象最深刻的一句话是："金钱如粪土，脸面值千金。"所以每当自己情绪格外低落的时候，她都会用这句话来告诫自己，不要因为情绪失控让自己成了笑话。

必要的沉默，也是一种成熟。况且，那些你当下觉得自己撑不过去的事，在你闭嘴不谈的日子里，它就会过去了。与其哭泣倒不如收拾起那些戾气和力气，攒足精神跟自己的未来暗暗较劲。正如刘同所说：如果一个人影响到了你的情绪，你的焦点应该放在控制自己的情绪上，而不是放在影响你情绪的人身上。只有这样，才能真正地自信起来。

比如我那个同事，情绪低落的时候，她就会去跳舞，去打拳，挥汗如雨也顺便宣泄了情绪。她常说戒掉情绪其实和戒烟一样痛苦，但有利身心健康。

奥里森·马登在《一生的资本》里说：任何时候，一个人都不应该做自己情绪的奴隶，不应该使一切行动都受制于自己的情绪，而应该反过来控制情绪。无论境况多么糟糕，你应该努力去支配你的环境，把自己从黑暗中拯救出来。

让自己成为一个温柔而有力量的人，然后你就会发现：熬过深夜痛哭，天亮依然铿锵如故。那些曾让你崩溃的、痛苦的、恐惧的事情，在你忙碌、充实又鲜活的日子里，真的不值一提。

别让将就变成折磨

1

上个月，那个不爱我的男人向我求婚了。他叫大伟，是搞程序开发的。有车有房，月薪两万。有天晚上他喊了几个朋友说是要聚餐，大家很有秩序地吃饭，礼貌性地起哄，接着他掏出戒指求婚，那天，我最后回答说我要考虑考虑。

因为我从一开始就知道他并不爱我，或者说本来相亲来的姻缘，谈爱就有点奢侈。他是个好男人，少言寡语，但很周到，很有条理很冷静。不会和我吵架，也不曾说什么深情的情话。

我早已无数次纠结这个问题，我承认他是个不错的结婚人选。他克制、冷静、低调，但也冷漠、淡然，可是若是在爱情的世界里，我们面对面缺乏激情，日后在那种相敬如宾的氛围中又怎么能流露出对爱情的缠绵？没有过日子的热气腾腾，更谈不上幸福的味道。

比如我们一起看电影就是纯粹地看电影，我们的聊天总是习惯性地冷场，我们没有一起过纪念日的那种期待，甚至连求婚现场，彼此都没有那种狂喜。换句话说，我们决定在一起只是因为该结婚了，彼此条件符合罢了，仅此而已。

但到最后，我体验完那种"爱情"后终于领悟：如果说，爱情早晚有一天都要消逝，最后都会回归到生活本身，回归到日常生活的柴米油盐，但我还是想抱着那样的洁癖，希望至少在我走入婚姻时，我所拥有的感情是和婚纱一样洁白干净的，我结婚仅仅是为了爱情。

2

因为我不想过得和我发小一样。她说她的生活就像白开水，是无色无味的寡淡，过日子时，那热气腾腾的烟火气正在一点一滴消耗着她。

她不曾谈过恋爱，毕业后留在家乡做了一名女教师。到了适婚年龄，通过别人介绍认识了现在的先生。说不上心动，只是不讨厌，家人赞叹说他们两个人是天作之合，然后她就结婚了。而她的先生，在将年少时对情爱的炽热烧光后，适时听从了家里的安排，想安安静静地过日子。

因为他妈希望他找个和他差三岁属猴的本地女老师,一来,本地的又是老师,可以在家帮忙侍奉双亲,二来老婆是文化人家里也觉得很有面子,至于属猴,那是因为他们找过算命先生卜过卦。我发小恰巧符合这个标准,像一块砖一样可以严丝合缝地嵌入一堵有漏洞的墙里一般。

婚后,她很快变得如怨妇一般,面对柴米油盐还有撒手掌柜,她欲哭无泪。她试图用争吵的方式抗议这种若有若无的忽视,抗议这种视她的付出为理所当然的态度,还有那种淡漠。或许每个人的婚姻里最后都要回归到柴米油盐的一地鸡毛中,但是如果有了一个男人发自内心的温存,有了基于爱情的关切以及有关于激情岁月的共同回忆,至少不至于让女人感觉到她所做的一切像是一场毫无意义的自我牺牲。但她抗议的样子却被她的夫家讥讽为鄙陋的刁蛮怨妇。她自己形容那种感觉就好像在走夜路却没带手电筒,慌乱、无助、无所适从、孤独、没有安全感,你会埋怨为什么旁边没有人帮你一把,你像个盲人一样在黑暗中不断上演一场又一场心理戏,当你试图用过激一点的呼喊来得到一些回应时,却发现别人用难以理解的眼神看着你。对于她而言,那些眼神主要来自那个不爱她,却因为需要而娶了她的男人。

有很多人结婚只是因为自己该结婚了。但爱情的一个作用是使双方心意相通,可没有情感基础的婚姻就缺乏那种走向彼此内心的渴望，两个人都不理解彼此，表面吵得热气腾腾内心却都孤独无比。

我害怕这样。

3

明明不爱却掏出戒指向女人求婚的人并不少。小孟当初是在一个社群读书活动中认识她的丈夫的，因为从一开始，她的丈夫就对小孟格外殷勤，小孟对他也渐生好感，三个月后他突然就向小孟求婚了，于是两个人顺理成章地闪婚了。一直以来，在她的理解里，她的丈夫当初一定是对她一见钟情，娶她的原因也一定是爱到深处、迫不及待。然而，婚后她发现丈夫对她变得很冷淡，冷暴力一再上演，最后索性单方面宣布要和她"分居"。

直到有一天，她在丈夫的微信里发现了一个昵称很男性化的好友，一打开她就惊呆了，聊天记录越往前翻，真相越暴露在她面前，现实更是让她心如刀绞：原来她的丈夫从一开始就不断和前任纠缠不清。在那个姑娘和他提出分手后，为了证明自己的魅力，他就赌气去追其他姑娘，而那个不幸的姑娘就是小孟。再后来，他的前任要和新男友结婚了，就在前任宣布婚期时，也是为了赌气，小孟的男朋友就向小孟突然求婚了，并且是颇有心机地火急火燎地硬要赶在前任结婚的前一天。

一个不成熟、不负责任的男人，就这样轻易又霸道蛮横地浪费了另一个姑娘的光阴和爱情。

那天晚上，小孟把证据甩在丈夫面前，痛哭流涕地质问他：你自己的无聊游戏，凭什么把我当作武器？

真是坏男人各有各的坏法。你在你的世界里想当情圣，想搏个输赢，为什么偏要拉上一个无辜的女孩？别靠近她们了，赶紧有多远滚多远！

4

这种例子其实还有很多。因为年龄到了被家里逼婚的，因为生活太沉重急于减负的，因为为了要孩子的或者为了报复前任的，所以一波又一波的人妥协了，但是关键这不仅仅只是自己牺牲了，这还是一场对别人人生的谋害。

电影《给朱丽叶的信》里有句台词：爱情和婚姻就像拾贝壳，不要捡最大、最漂亮的，要捡自己最喜欢、最适合的，并且捡到了就不要再去海滩了。

婚姻是很严肃的事，没有爱情的婚姻是不道德的婚姻，不管你是因为什么原因急于结婚，作为一个人最基本的善良是不要去招惹自己不爱的人，因为你给不出很多爱，就会很轻易地毁掉另一个人的人生。试想，你剥夺了一个女人享受被爱的权利的同时，也切断了自己去爱的能量来源，这还不够罪恶吗？不提供爱的婚姻是最不负责任的婚姻！是对那个被求婚的女人最大的不尊重！

若爱请深爱，不爱请离开。我希望，将来有一天如果我和你相遇了，不管你出于什么原因向我求婚，如果并不是出于爱，而仅仅是条件符合，请放过我！

你所谓的人脉，不过是一堆人名

1

　　朋友阿源是大我一届的学长，昨天，多年不见的我们约出来一起吃了个饭。

　　北方这几天天气尚凉，饭点时他穿了套单薄的正装赴约。席间大家谈起各自的近况，然后自然而然聊到了各自的职业发展。这时小方说到他在某某行业里，阿源立马掏出手机，满是得意地说："我有某某（名人）的微信号，我们认识，还蛮熟的。"阿源一直以来热衷于积累所谓的人脉，这么多年来一直乐此不疲。我凑过去看了一眼，那个名人的确在他的微信里，但他所谓的"熟"其实只是他在那个名人一长串的广告链接下面锲而不舍地打卡式的点赞，偶尔有几句该名人群回复的"谢谢"而已。

　　大家看着他兴致勃勃地发表长篇大论，实在不好意思打断他，但彼此心知肚明，毕业数年他还在原地踏步，不管是职业还是观念。场面隐隐有点尴尬，他却浑然不觉。我们大多只是很普通的上班族，自然算不上他口中的上流社会的人，但大家都很想告诉他，其实这个世界上有的东西还真的不是他所想象的那个样子，比如人脉。

2

去年，因为工作需要，我被派到一场全国网红大会的电子商务创新发展峰会做会议记录。当时坐我旁边有个大哥很热情地要加我微信，并递给我他的名片。说实话，我当时很尴尬，小声地告诉他我只是个现场的工作人员，但台上音响太大声，他也没听清我在说什么。不知道当他知道我只是来负责采集新闻的时，心里会做何感想。中场休息时主办方给了个二维码让大家加群打卡签到，这时所有人纷纷掏出手机凑到台上扫二维码，加成功了就一脸满足。我也进了那个群，那场活动后，刚开始的时候会有一两个人在里面问一两个问题，但没人回答，大概都觉得没意思后来就不再有人说话了，那个群后来在我的手机里被新的消息覆盖，现在已经找不到了。

你看，你只是问个问题半天都没人理。如果你试着加那里面的几个人为微信好友，你会发现总有几个号是你怎么也加不上的。所以说，你苦心孤诣搜寻的人脉不过是一堆人名罢了。

3

如果你有幸加上了一个名人的微信，我笃定当你诚恳地抛过去一个笑脸和一个问题时，名人本人通常是不会搭理你的。越是厉害的人，他们每天收到的信息越多，需要他处理的难题也就越多，他的时间也就越宝贵。你的问题他会看到，只是他没空理也不想理。

有没有可能他回复你了？当然可能。一，恰巧；二，你们是同一水平的，他愿意花时间和你切磋。微信有个朋友圈，顾名思义，是外人挤不进去的圈。

记得以前有个故事，讲的是一个中学生给杨绛写了几封信抱怨生活，还提了很多问题，杨绛回了她几个字：你的问题在于书读得太少，想得太多。大家都把它当成至理名言，觉得杨绛睿智而又和蔼可亲，但仔细一想你没感觉杨绛是在怼她吗？话说得直接点就是"我不想和小孩浪费时间"。

4

你以为加入一个群就是挤进了一个圈子，以为发起一个群，做了群主就是"黄袍加身"，有拉人踢人的权力就是权杖在手？你费尽心机加了一个大咖的微信，后来你只会发现，你和他的交集就是他发了一条朋友圈你可以有点不点赞的选择权，除此之外再无其他。你哗啦啦印了一堆精美的名片，最后还是把它们放在了角落里积尘；即便要到了对方的电话，最后发现在他眼里你也只是个寻常不过的求访者。你穿上西服买了名表按揭买了车，晃荡在人潮中，手机里有几个名人的微信号，走进面试的公司俨然一副高人一等的神色，张口闭口某某某是我朋友，殊不知面试官四两拨千斤的几个问题就掂清了你的斤两，而你还在侃侃而谈的格局和眼界，在旁人看来不过是些熟烂的大道理。你陶醉在自己的世界里，做尽了自己的王，浑然不知世界外的观众，全是鄙视的眼神。

5

如果要我讨论如何获取真正的人脉资源，我会简单粗暴地觉得实力才是根本，要么你能干成很多事，要么你有很多钱，不要说你有很多想法。

我在打出租车时碰到过一个和我谈三维码和 VR 购物的出租车司机，当时我特别惊讶他能说出这么多的创新思路，但后来想想他也只不过是过过嘴瘾，顶多向陌生人证明自己是个有想法的司机，因为他只会开车。面试的时候我也碰见过一个人，他说自己目前在创业，说了很多，诸如未来目标以及放眼全国自己是行业先锋，会开创先河，等等，在茶台前也不泡茶就把弄几个茶物件儿，那是几个上面蒙了一层污垢的还有豁口的老茶碗，被他用口舌包装一下就转而变成标榜自己品位的稀罕物，还不忘给自己扣一个"新生活家"的帽子。两个小时啰里啰唆说了很多很可能他自己都不知所云的东西，并且沉浸其中，忘词了还偷看小抄。

我一直在等他说完，最后我只问了他一个问题："我能看下你做过的案例或前期策划吗？"他刹那语塞。

想法是最不值钱的，能产生奇迹的只有行动。所以告别那些所谓的成功学吧，别年纪轻轻地活得像个传销人员，只会一直动嘴。

6

当你通过行动证明了自己的实力时，人脉就会主动向你靠拢，因为它本身就是附加在你实力之上的不稳定因素。很典型的情况就是很多经过大起大落的中年人说起人生感悟时，都会提起那句意味深长地说"患难见真情"。

《奇葩说》有一期请来了一个网红。他站在台上解释了半天自己没有整容，离场前高晓松问他是不是觉得自己红了，他回答是，然后高晓松就对他说："你现在的红不是真正的红，是转瞬即逝的，真正的红都要靠作品说话。"

也就是说，哪怕哪天你真的很有名，那些名气其实也是假象，是过眼云烟，换而言之，怎么得来的最后也会怎么失去。所以不要太执着某些东西。我更是记住了末尾的那句：真正的红都要靠作品说话。与其周旋于各类聚会，花费财力精力在很多无效的社交上，用微信加一大堆广告商，还不如踏踏实实做个极致的自己。

现代社会里，也许我们心里都有"病"

1

写这个话题，是因为前阵子和朋友们深夜卧谈。这是一群十分明媚的女孩，她们学业有成，在职场上也是充满活力的潜力股。她们年轻、漂亮、温暖有爱，看起来很圆满。但是，可能是夜色撩人，也可能是氛围使然，几杯小酌，聊下去，发现气氛不对了。女人在深夜的时候最脆弱，也最愿意袒露心声，于是我听到了一个又一个的不堪往事。

原来，即使看起来再透明再乐观的人，内心也大多是有伤疤的。

2

阿雅和我很要好。她说她 5 岁那年替妈妈去商店买东西，捡了一个鸡蛋，就被店家冤枉为偷鸡蛋的"惯犯"，当时虽然年幼,但是也知道了耻辱和自尊,所以当店家一家人在街头一起对她进行奚落式"教育"时,她觉得无比耻辱和无助。

她像所有孩子一样哇哇大哭,但她也从此不再光顾那家小店,甚至每次上学明明那条路是近路,她也宁愿绕远路。她确实不是小偷,但她像做错事的小孩一样躲避那一家人,躲避那所房子、那家小店以及和与他家有关的一切东西,直至成年,直至现在。

成人总是低估孩子的智商和记忆力。他们都以为孩子的记忆不会留存太久,会随着时间的流逝而遗忘,哭过了就是代表了过去被扔掉,但是事实上有太多的伤痛是根植于童年的。

这件事还没说完,长大后的阿雅,依然无法摆脱这个童年阴影。比如她进超市从不带手提袋进去,她结账的时候要把商品一件件摆好,她去商场从不在靠角落的货架逗留太久,她经过卖小东西的摊子从来都站得很远……她似乎总是很恐惧被怀疑偷盗,即使在外人甚至在那些老板自己看来根本不会有人想偷那些东西。

因为有被污蔑过的恐惧和无助感,以至于她一辈子都在努力摆脱这种恐惧。

3

Anna 是个有点古怪的人。她特别讨厌单眼皮三角眼短发的胖女人。她很清高,对债务的事尤其敏感。再缺钱,哪怕 10 块钱她都不愿意跟人先挪借。她也从来不用信用卡，不按揭。

那天 Anna 和我们讲了她的故事。她小时候很穷，父亲生意失败欠下了很多债务，债主隔三岔五地到她家要钱。有一个中年妇女，长相让她印象深刻：单眼皮、短发、三角眼、胖。有一回 Anna 在放学路上遇到了她，她在她的同学面前直接跟她要钱，还恐吓她说："不还钱就把你卖了抵债。"那年她 7 岁。

因为穷的缘故，她连小学每年 100 多块的学费都交不起，她从小成绩很好不想辍学，所以每年只能跟学校赊账。每学期的期末，负责管账的老师就会进来，然后站在讲台上公布欠款的同学的名单，挨个念并说明欠款数目。这种堂而皇之的羞辱，她躲不了，只能羞耻地接受来自四面八方的异样眼光，这样的童年让她一度非常自卑。

成年后的她渴望金钱，所以格外努力。但这种耻辱的感觉根深蒂固，以至于她想起来都会隐隐作痛，所以她只能通过不断地累积财富和抗拒一切形式的债务来维持内心的安全感。

4

小白今年快 30 岁了，但她不愿意谈恋爱。她从小在单亲家庭里长大，在荷尔蒙疯长的年纪也疯狂爱过，但这些恋情无疾而终，虽说谁的青春不带伤，只是她的伤痕太多了。

初恋劈腿，用尽冷暴力逼她分手，这件往事几乎耗光了她少女时代对爱情的全部乐观。后来她又遇上新人，已经到了谈婚论嫁的关头了，结果又分道扬镳，这期间她经历了怀孕、男友出轨、堕胎、家暴等一系列残酷戏码，把她折腾得身心俱疲。订婚的那天，直接将男友捉奸在床，她也就对他放弃了。第三任是相亲认识的，她不是那么爱他，但也觉得可以一起过日子。而这个男人其实是想骗她的钱，小白还是够聪明的，毕竟生性敏感，她很淡定地让那人滚了。她说她也在想，为什么自己的青春总和坏男人纠缠不清，后来她索性放弃了爱的权利。

我想，或许还是源自早期的家庭环境，渴望爱却总是被爱抛弃，过于饥不择食也就容易相信花花公子愈加不真实的浪漫套路，最终让自己深陷其中。我们总是爱错人，也是因为我们自己还没爱好自己，也不知道真正的爱是什么。

5

心理学家说过，没有几个人生下来就处于完美的原生家庭里，也没有人从来都没有遭遇过创伤，我们或多或少带着各自的"病"在这个世界上活着。

有的人找不到这些伤口的解药，只能任由它溃烂，最后就变成了"毒"，顽固地生长在我们的生命里。漫长人生里就这么一个小段落就影响到了我们生命的全部。这种"毒"不至于深到摧毁我们的一生，但若有若无的伤痛还是时常发作。

我们遭遇了一些不公平的事情，但当我们在跟别人阐述这些事时，别人很可能会反过来说我们太敏感，太小题大做。《房思琪的初恋乐园》里有一句话是这样说的：人对他人的痛苦总是缺乏想象力。我们做不到感同身受，却总觉得别人在小题大做，这种旁人的二次伤害，愈加让人难过。

就像我在向其他朋友表述这些事时，他们会庄重地送我一句话：曼德拉说过，当我走出监狱时我就把仇恨留在了那里，否则我将永远都无法离开。我说我知道的，此外，我还知道泰戈尔说过：只有经历过地狱般的磨砺，才能练就创造天堂的力量；只有流过血的手指，才能弹出世间的绝响。我还知道要不为往事扰，余生只愿笑。但伤害已经深埋，有些过错无法亡羊补牢，不是懂得了道理你就能过好余生，也不是当你长大后知道那些道理就能自渡的。

孩子也是有记忆和尊严的，那些你所看不到的"病"根植于童年。所以，在成人主宰的世界里，希望善待每个孩子的童年。

别把你的怨气甩给无辜的人

1

"我过得这么不好都是你害的。"忘了这是哪部电影里的台词。刻薄的女主人公有一天发现丈夫出轨了，在街头鬼哭狼嚎地举着刀子追杀丈夫和小三，路人试图上去夺下刀，她一挥手就砍得路人血肉模糊，边砍边哭：都是你们害的，我过得不好都是你们害的！

因为只有推卸责任才可以让自己背负的痛苦少一点，而这其中的根源在于对自己深深的无力感。

青春期里好多考试失利的小朋友都会抱怨，觉得自己考得不好错在爸妈的高要求，错在老师的不公平，他们会在自己的日记本里写尽委屈和逃离的渴望。

2

　　毕业后工作不合心意就开始抱怨是教育制度浪费了你过人的天赋；恋爱后爱情失意你归咎于拜金时代人们的冷酷；朝九晚五的日子有时候依然对自己感到失望，你认为是自己时运不济，于是归咎于自己的平台太小，觉得要是去了北上广（北京，上海，广州）早就平步青云了；偶尔情商低发作起来，就埋怨长辈不能给你拼命的资本。但其实我们比谁都清楚，所有的问题和错误，所有的不幸和悲剧，根源在于自己没本事，我们就是习惯性肆无忌惮地欺负最在乎我们的人。

　　这些在心理学上都给了再细致不过的分析和解释，在这里我想探讨的是承受你抱怨的那一众可怜的人。很多时候他们不会反驳你，相反你会让他们陷入更深的自责。就像隔壁那个三十好几在小工厂当保安的单身汉，他会在每个喝醉的夜里咆哮痛斥父母的贫穷，却一直都在用漫不经心的姿态来经营自己混沌的人生。他在前几年突发奇想，要开一个小镇里最大的服装城，结果花光了父母的积蓄，生意还是难以为继，只能关门大吉。

　　尽管这样，在他每一次愤怒的时候，那两个可怜的老人都一言不发，估计他们也在自责，自责自己为什么不能给孩子提供更好的条件。有时候他的母亲也会跟外人哭诉，也会忍不住抱怨他的不上进，但终归是一位母亲，一到晚上的饭点就开始起身回家为他做饭。

　　他们说不过你，读的书也没你多，越老也越像个孩子，往往奢求也不多，只求你快乐又平和。

3

　　谁都有关于诗与远方的构想，也都有平步青云的愿望，但是能力支撑不起野心，我们可怜得活不成自己想要的样子，并且懦弱又不自知，懒癌晚期又甘之如饴，到头来思前想后竟然认为是最亲的人成了我们的阻碍。

　　世界是有很多的运气，很多的不公平，很多的不确定性，还有很多你生来就不能选择的事情，但有些机会一旦到来，还是不要把原本该去思考去解决问题的时间浪费在于事无补的怨气上。你无法掌控自己的情绪，对最亲的人往往给予最恶毒的中伤，当有一天你像我一样长大，就会深深觉得，年少无知时那副苦大仇深的样子真是令人无比沉痛。

姑娘，你的安全感不在房产证里

1

前两天我的老朋友找我倾诉。她和交往十年的未婚夫刚刚分手。在一起十年最终却分道扬镳的遗憾，用她自己的话说就是"十年青春喂了狗"。而压倒这份感情的最后一根稻草则是在买婚房时，首付是男友付的，也说婚后贷款她帮不帮还都随她意，但拒绝在房产证上加上她的名字。爱情遇到现实，一地鸡毛。她思前想后觉得很是心寒，干脆选择提了分手。"反正房子是一起住的，加不加个名字有那么重要吗？"这是他未婚夫后来的抱怨。想想好像也是，夫妻婚后共同生活，财产共有，何必如此不信任？

2

就像电视剧《欢乐颂》里那个樊胜美，她欢天喜地地和未婚夫王柏川去买房，谁知王柏川家不愿意在房产证上加她的名字，当她在售楼中心知道了王柏川的态度后，那种扑面而来的愤怒和失望，让她不顾仪态地当着售楼小姐的面指责、哭泣、质问，而后愤然离去。在面对房产证的问题时，她哭着说："它不只是一个名字，它是我爱情的一个保障，是对我未来婚姻的一个安全感。"一句话击中无数人的心声。

"房子是我的安全感！"这句话让我印象很深刻，去年表妹结婚，一向大度温顺的姨妈态度坚定地要求男方在房产证上加上表妹的名字。在表妹出嫁前一晚，一辈子打工，省吃俭用的姨妈偷偷塞给她一张十万元的银行卡，并且一再叮嘱她，这钱藏着不能让别人知道。就像经历过饥饿的人能果腹后会格外喜好囤积吃食，见多了人心叵测，长大后消耗完了人之初时对世界的信任感，对于财务，就变得格外小心翼翼，非要护在自己怀里她们才能感受到安全。

她们认为，有房子的人生才是最安全的。

3

但房子真的能带来安全感吗？我们这一代人，置身在房价高涨的社会，一个女人，倘若嫁了个有车有房的丈夫，会顿时觉得给自己的人生上了双保险，往后可以高枕无忧。条件好点的姑娘设置的第一条择偶条件往往就是男方要有房。

我邻居家的大女儿23岁那年，交了个男朋友，但当时对方家境一般，在房价居高不下的北上广根本买不起房。那个姑娘当时就去和家里商量，问父母能不能先不买房，姑娘的父母态度很坚决，他们不希望女儿远嫁，不希望她裸婚，不希望她嫁给一个一无所有的人，有情饮水饱也不行。

她的母亲哭着劝她放手，她太难过太无助了，于是开始加倍鞭策她的男友去赚钱去买房。最后两个人选择了和平分手，男方心灰意冷，选择重新去考研，出国深造去了。

25 岁那年，姑娘嫁给了一个家里有车有房的当地人，但 27 岁时，她带着一岁的孩子离婚了。他们闹上了法庭，她最后分到了一套小房子，但那又怎样？房产证并没有给她的婚姻和她的人生上上保险条，她还不是经历了比很多没有房子的人更多的煎熬？

30 岁那年，她的前男友回国了，但已时过境迁。不像偶像剧里他们可以再续前缘，彼时他可以买房了，但是他身边站着的是另外一个人，就像《半生缘》里，曼桢历尽千帆再遇世钧时所说的一句心酸无比的话：我们再也回不去了。

我们宁愿相信一套房，却不愿意去相信一个人，一份感情。《半生缘》里，回到相遇最初，世钧曾在和曼桢求婚的时候说："这个戒指只值六十元，是我用自己的钱买的。"曼桢则回答他说："用自己的钱买的就好。"他们彼此约定厮守三生。然而，他们却最终没能逃离命运的束缚，还是没能在一起。在他们后来重逢时，曼桢问世钧："在你给我戒指的那个夜晚，你说要告诉我一个秘密，究竟是什么？"他说："你告诉我，你棉袄背后补了个补丁，回到学校要靠到墙边站，因为不想让人看到，我听了很难过，我对自己说，结了婚我要一辈子照顾你，让你开心，一辈子不要你再受苦，再难过……"

所有的物质，在后面的人生里，都可以去努力得来，但是这样的赤诚却太少了。房子能给的安全感，只能是确保你不至于流离失所，但一个优质的配偶，能给你的则是精神的安定和感情的安全感。为什么我们就不能划开房产，轻松谈个恋爱，结个婚？

4

反观女人对房产证的执着背后，其实是我们依然半跪着的精神世界。

很多女人的精神依然没有站起来，在生存压力面前，她们依然自私地想延续长久以来的"男主外女主内"的规则。择偶条件的物化实则也是对自己的物化。很多女人，甚至在今天，都企图依靠相貌去嫁一个条件比较好的人。但如果你是一个真正强大的女人，你根本不屑于去依靠房车去判断一个男人是否配得上自己。自我存在感过低，缺乏安全感，才会过度依赖他人，物化自己。

5

真正的安全感，追根究底还是要向内求的。没有什么东西真的可以确保你一生的安稳和幸福。房产证，一方面测试着男人的爱情诚意和经济实力，另一面也测试着女人自己的安全感和自信心。你越弱、越害怕、越自卑，就越一无所有，所以你在利益面前吃相就会越难看。与之相反，一旦你自己足够优秀，就可以遇到与你并驾齐驱的优秀的那个人，两个人可以站在同样的人生高度，抛弃房子金钱家务，聊一聊尼采歌德；当你自己具备生存能力时，你才不会对你自己的人生感到焦虑，患得患失；你奋斗到自己也能买得起房时，也就不会过度去在意那个男人的房产证上加不加你的名字。

只有具备随时能离开的能力，你才拥有真正的自由。只有自己强大，你才能对自己的人生保留话语权。我们的安全感不在房子也不在房产证里，这一世的安稳幸福，始终还是握在你自己的手上。

充实自己并且以自己喜欢的方式生活

1

其实，晚婚有时候也是种殊荣。

有一天我们部门的人一起出去吃饭，当时恰逢国庆长假，大家朋友圈里晒婚礼的人特别多，于是同事们免不了抱怨自己又老又穷，然后轮着调侃各自朋友们的婚姻状况。

轮动同事阿凡时，她放下手中夹住的那块肉，慢条斯理地说："硕士同学都还单身，大学舍友去年都结婚了，中学同学很多人当了爹妈，小学同学的话，好像有的开始离婚了……"

阿凡是 1989 年出生，海归，去年刚刚伦敦大学硕士毕业。她没有任何贬义，只是在阐述她看到的事实。

突然大家都笑了，我们深有同感，无力辩驳。

034 | 不做盗版的别人　只做限量版的自己

2

　　我曾经在大学假期回家时碰到了我幼时最好的玩伴。是她在我 8 岁那年教会我骑自行车，也是她帮我买到了人生中第一个芭比娃娃，我们曾约定要做一辈子的好朋友。

　　但后来因为她成绩不好，读到初中就辍学了，我长时间在外求学，我们也就渐渐地不再联系。然而当我们多年后再见时，她竟然有了两个孩子，年纪轻轻的竟然开始有了中年人的老态。襁褓中的婴儿在我们说话的时候突然啼哭了起来，于是她略显敦厚的丈夫走过来面无表情地抱走了孩子。

　　聊天时隐约可以感觉到她的尴尬和不适，离开的时候我说我们加一下微信吧，她说好，然后我发送过去申请，但回来后也没有收到同意的消息。后来我妈还告诉我，她因为超生（当时二孩政策还没开放）在躲着计生……

　　过早地离开校园步入社会，在自己茫然甚至懵懂的时候，没文凭也缺乏一技之长，对人生没有规划也没有梦想，于是男的想着"无后为大，先成家后立业"，女的想着"趁年轻早点嫁出去"，于是自然而然地选择了婚姻，再自然地生子，开始承受家长里短……同龄人大学刚毕业还在为单身不安的时候，他们有的人也许已经开始步入七年之痒了，殊不知经营婚姻和家庭才是世上最难的事之一。当我们的心智不足以成熟到能够经营一段婚姻时，我们在婚姻里可以获得的幸福度也是极低的，时间一久很容易就走到了破裂的边缘。

3

我们当然没权利去为别人的人生感到唏嘘，毕竟不见得你读了很多书就能过得很好，每个人有每个人的活法。众生平等，大龄优质单身青年也成了这个时代众人揶揄的对象，社会精英中也有很多人婚姻不幸。但如果要你选，我相信还是有更多的人愿意用读书去拉长自己的"青春"，留给自己更多的时间和空间。

从我们身边的例子来看，一个人成立家庭早晚和自己的毕业时间成正比（不是百分之百，但大体上是）。当你不再拥有"学生"这一身份作为庇护，家庭和社会对你的年龄一点儿都不包容，他们会催促你结婚，不管是真的急切还是随大流随口提一提。这也符合大多数人的心理预设，如果这个年轻人这时候有自己的主见，有自己要追求的事业尚且还好，如果你没有，那么你就要被这样的观点裹挟、绑架，然后结婚生子，开启新的人生轨迹。

最值得担忧的也是这些因为没有选择而只能把婚姻当作最后退路和庇护的人，因为不管是谁，这一生若是自我的存在感极低，无论到了哪里都会像浮萍一般，成为可有可无的存在。

4

我去问过因为毕业晚而未婚的朋友，问他们是否羡慕早早有家庭的生活，他们说挺羡慕这种幸福的，但自己并不想这样。比如阿凡，已经快30岁的她依然不紧不慢地挑选身边的追求者。对女人来说，见过的世界越大，就越不会狭隘地把自己困在"情爱"这一方小天地里。

读书的这些年，她认识了很多志同道合的好友，每个周末她都会和这些朋友聚会，聊聊见闻、谈谈感想。在欧洲的那段时间，她游历了十几个国度，她很愿意乐呵呵地和你分享这些年的趣闻，有时候你问她一些冷门的旅游小知识，她都能思路清晰地给你解答。她所学的专业给了她安身立命的资本，她也有经济实力去支撑起自己想要的生活……而且她谦卑，见过世面的人往往对这个世界有更多的包容。她懂克制也懂得礼让，她有趣、丰富、有修养而且勇敢，可以有底气地坚持单身。气定神闲地面对年龄的人，真的不是一般人。

所以，跟生活的一地鸡毛里的小幸福相比，这种追求自我、修炼自我的孤独却灿烂的人生轨迹，可以说是更稀少更独特的存在了。

5

或许每个人命运不同，出生在不同的家庭，比如阿凡的父母是大学教授，所以她才能有更自由的成长环境。再比如我的另一位朋友伊伊，伊伊和阿凡不同，因为她的学习很不好，成绩差到连高中都考不上的程度。她的父亲无奈送她去中专学校学会计，中专毕业后又花了很大力气让她去上大专，再专升本……

她父亲说：目前她还是什么都不懂的年纪，想让她成熟点再出来面对这个世界，学习无疑是最好的保护。有的人家庭环境不允许，他们也就早早地面对了这个社会。所以能有一个"长点的青春期"是一位家长能给自己孩子最好的礼物了。

那些"被读书耽误的青春期太长"的大龄青年们，他们在"被耽误"的这些年里不必过早地考虑俗世生活，慢慢地有更多的机会去发现自己想要的东西，有能力去追求更多比结婚生子更值得追求的东西，"大龄单身"对他们而言不会是一种耻辱，而是一种底气。

现在到了我们这一辈，大家其实都已经有一个共识了：比起婚姻，人生真的有太多值得去追求的东西了。只是好遗憾，还是有很多人在别人探究这些道理的时候，他们在结婚、离婚……

最后我只想说，如果你能享受做一名大龄未婚青年，请珍惜这种幸运！

爱情里，不要模棱两可，也不要暧昧不明

1

很多人费尽心机地去研究一个男人或者一个女人爱不爱自己的各种表现，其实就像那句话说的：这世界有两种东西是掩盖不住的，一种是咳嗽，一种是爱情。心里若有心事，若有爱意，即使闭口不说，从眼睛里也能蹦出一池的春水，满满的爱快要溢出来了。

假设你不敢直视他也无法直接判断他的想法，你可以尝试从细节入手，比如朋友圈。是的，在这个对很多人开放的个人小圈子里面，记录了属于一个人自己的喜怒哀乐。你可以透过他微妙的表现，去看清他到底是真情实感还是虚情假意。

2

表现一：他敢不敢让你出现在他的朋友圈里。

深夜，丫丫打电话过来哭诉，说是失恋了。我诧异，立马问她发生了什么。她说，她喜欢上了一个学长。那时在学校里，两个人接触不多，社团活动也只是偶尔简单交流。后来他们毕业了，分别在两个不同的城市里打拼。他们恰巧做了同一个行业，也算一种缘分。平常互相有什么工作的难题就问问对方，彼此往往能给出专业的意见，联系多了，日渐相熟，丫丫每逢假期会过去找他。有一年中秋，丫丫坐了几个小时的动车奔向他的城市。他们一起去逛夜市，去游乐园，去溜冰场，去逛超市。

晚上学长发了朋友圈，里面的内容没有丫丫。而丫丫的朋友圈全是他们俩的笑脸。但是没一会儿，学长看到了，立马发来消息，态度严肃地叫她删掉。

"为什么？"我明知故问。傻傻的丫丫说："因为学长说他害羞，觉得自己被拍得不好看。"

呵呵，是吗？

男人不想和你一起出现在朋友圈的尴尬不是因为自己长得丑，只是怕别人误会你是他的女朋友。

3

表现二：他是否积极回应你。

丫丫说，学长知道她喜欢他，个性爽朗率真的她，哪怕一点点的喜欢都能让旁人从眉眼里看出来。

她暗示过学长自己喜欢他，也被暗示了不会被接受，但学长拒绝她后丝毫不避嫌，反而和她走得更近，他们就在这种友谊之上、恋人未满的暧昧里相处着。

我问她："你们平时是怎么互动的?"丫丫说："就聊天啊，相互关心。""相互关心? 那为什么你常常给他评论，他却不回你?"是的，因为我有他们两个人的微信号，算是个很清楚的旁观者。每次学长发了什么内容，丫丫都很积极地评论，但每次我看到的都是她孤零零的一句问句，学长常常不做回答，倒是和其他人聊得很开心。

一个人，连回复你评论的时间都懒得给你，你还怎么敢断定，他心里有你呢? 他回复了别人，却对你的评论置若罔闻，原因只有两个：一是他真的不那么喜欢你，二是怕你们共同的朋友看到了误会你俩的关系。其实说白了，就是他不想在你们圈子有交集的地方透露出任何能让别人误会你们是情侣的信息，追根究底就是不喜欢你罢了，甚至只是把你当作寂寞时打发时间的暧昧对象，仅此而已。

4

　　表现三，他会不会频繁地暗示自己单身。

　　一个人要是在朋友圈公开频繁地暗示自己单身，无非就是在说：单身，可以聊聊。这是荷尔蒙气息极浓的求偶信号。试想，如果一个男生心中有目标，有喜欢的人，他会频繁地在公开场合说自己单身吗？

　　如果有个人在和你交往的时候，还频频向外界释放求偶信号，那只能说明，你是他短暂的栖息地却不是他想要的最终归宿。

　　我们说回丫丫的故事。你知道结局是什么吗？学长没过多久就有女朋友了，那个人当然不是丫丫。那个女朋友，就是他频繁晒照说自己单身，然后得以认识的"新人"。

　　那个女生有一次在学长的微信里发现了丫丫的存在，然后气势汹汹地找上门来。当时恰逢周末晚餐的饭点儿，在人来人往的餐馆里，她不由分说一上来就扬着手气势汹汹地要甩丫丫巴掌，我那天刚好在场，死命地拽住了她。慌乱之下我使眼色让另一个好友拨打了学长的电话，好友对着电话大概介绍了这里的情况，这时只听到电话里有个慵懒的声音传来："我们只是简单的朋友关系啊。"眼看场面控制不住了，我只能抓了丫丫的手像过街老鼠一样匆忙逃开。丫丫早已哭成了泪人。

5

那分明就是一场不负责任的撩拨。所有的暧昧，说白了都是在给别人留机会，但愿你不要很傻地活成了他寂寞时的牺牲品。

可怜的是，陷入爱情的女人很容易失去理智，对方给的一个拥抱足够把你的心暖化，对方说的所有离谱的鬼话你就会全部当真。当你终于意识到自己上当了，哭着质问对方："你那些早安晚安难道只是随口说说吗？你对我的好都是在假装吗？"他则一脸无辜地说："可是，我们本来就没什么啊，而且我把你当朋友，对朋友好不是应该的吗？"

我们因为有各种各样的通信工具，交流变得十分便捷，表个白也是分分钟的事。所以不要一句晚安或者一句早安你就开始觉得他喜欢你，不要因为他记得你的生日，你就断定他爱你。

其实，判断一个人是真情还是假意真的很容易。从很多细微之处你都可以感受出来，如果你反复怀疑却一直无法确定他是否喜欢你，那么他就是不爱你。而朋友圈这个神奇的小圈子就是一个切入点。如果有人说他爱你，你可以让他先发条朋友圈放几张你的照片试试，而且一定要所有人可见的那种。

"最佳辩手"才是世上最不会讲话的人

1

昨天，我的小侄女骄傲地跑过来问我："我拿了最佳辩手有没有奖励？"我十分震惊于她的语言天赋，但却认真地告诉她，不要把生活当成辩论赛场。

我上学那会儿也是最佳辩手，是那种一上场就要用眼神先震慑住对方辩友，再在自由辩论环节和队友抢话筒，并用连环炮一样的语速辩得对方哑口无言的人，号称"×中铁齿铜牙"。

我和保安吵架从没有输过，和小商贩讨价还价也稳操胜券，爸妈逢人又是骄傲又是苦恼地抱怨："唉，嘴巴太利，真怕以后嫁不出去！"

所以，在前面的二十几年，我一直觉得我的特长是讲话。但直到我毕业后入职，在一次次和领导交流后我才惊觉：哇！原来我是最不会讲话的"最佳辩手"。

2

我是办公室里出了名的话题终结者。

比如，A 在抱怨最近长胖了，B 说我也胖了。别人这时会适时地安慰她们：你们这是错觉，只是水肿！虚胖！而且这样有福相！老公疼爱！生活美满幸福！

而我会说：A 你这里，这里，这里，这里的确胖了点。B 你那里，那里，那里，那里多了肉，目测你们两人各胖了有×斤。在我说完之后，大家就沉默了……

而我也总是能轻易地让上级分分钟想砍了我。主管找我聊最近的业绩情况，分析对策。他问我：最近怎么样？

我往往回答的除了第一句有关，其他的会是旁征博引借机提出更多的问题。

他又问：那你简短说明一下怎么解决？

我则还在继续上面的问题。

领导掏出了手机。

我会继续喋喋不休，并且给领导提出了更多的问题。

有时，甚至会对领导说："还请对方辩友不要回避我的问题，正面作答！"

领导愣了。

我还遇到过一个 90 后的上级，听说他读书那会儿年年是最佳辩手。我们两个用辩论的架势讨论一个问题的解决办法。当我们把一个问题吵到头了，我们就会用偷换概念的方法，换个方向继续争论，又争论到头了，再绕回之前的问题，用"还请对方辩友不要回避我的问题，正面作答"的态度逼着对方回答，反复地给彼此挖坑、抛问题，在办公室吵了几个小时，结果问题没有得到解决。

3

一位老同事对我说："大部分人的反驳只是为了证明自己的想法是正确的。但对于说服他人来说，很用力地争辩是南辕北辙的，根本说服不了别人。"

哦！我若有所思。

就像我的朋友们会和我抱怨她们的男朋友。

"太心累了，整天站着说话不嫌腰疼。"

"根本无法沟通，我都懒得和他多说。"

……

当你和他倾诉工作生活中的种种不如意时，他总会说一些"阳光总在风雨后，不经风雨怎见彩虹"之类的大道理，再用一些商界名人在未成功之前遇到的艰难困苦来教育你要向他们学习。给人一种"我是高瞻远瞩地站在更高的境界，可以指导你的人生，说这些话是为了你好，你应该听劝"的姿态。

但是他们不知道，倾诉的人要的只是类似于"你辛苦了""你已经做得很棒了"这类的肯定，以及"我保护你""我会一直陪着你"这类的表白，再或者就是只需要简单的倾听。

昨天晚上我和同事们去吃饭。其中一个人的妈妈打电话过来，直接冲着电话噼噼啪啪开始对她父亲的"愚蠢行径"又哭又骂。她倒是很淡定，把电话放一旁自顾自地和我们继续谈笑风生。并戏称：她的父母吵了几十年了，她知道她妈只是需要倾诉，不需要导师。

4

这就是生活，远异于辩论赛场。辩论赛的那一套并不适用于生活，在辩论赛场上我们沉浸在激烈的讨论中，和解决问题相比，我们的胜负欲才是占据上风的，这往往导致很多人并没有听懂对方在讲什么就开始急着反驳了，并且不遗余力地抛出各种例子来验证自己的观点。但很多时候口头陈述在真正需要解决的问题面前都是不堪一击的废话。

虽然当你站在台上举着话筒口若悬河，并伴有一阵又一阵根据你的语速和语气而此起彼伏的掌声时，确实很帅，可是与之相比，当你回归生活时，倾听才是更为艰难的本事。

海明威说：我们花了两年学会说话，却要花上六十年来学会闭嘴。后来我也慢慢明白，宁愿沉默得像个傻子，也不要开口证明自己就是个傻子。就像古龙说的那样：最会说话的人，往往是不说话的人。也许有一天当我们允许别人挑战我们的旧认知，开始厌倦逞口舌之快，不再凡事非得和别人争个鱼死网破时，我们才真正成熟。

我最好的朋友都知道，其实我过得很不好

1

晚上九点半，我在公司加班，隔壁姑娘在吃一个煎饼果子，这时刚好有电话打过来，她边握着话筒边咀嚼。估计是电话那头问她晚上吃什么，她回答："吃面。"然后补充说："夜宵，很大的一碗，加了肉，还有几只虾，都是新鲜的。"然后故意吃得很大声。

她看起来和电话里的人说得很开心，估计是在和她的家人聊天。如果电话那头的人是我，也会误以为她过得很好吧。挂掉电话的时候，她的煎饼果子也吃完了，四周的座位都空了，有一个同事起身收拾东西准备回家，但没看到角落里的她，走出去时顺手啪的一声把灯关掉了，但她或许是没有察觉也或许是不在意，继续在忙她手里的活儿。在我离开的时候，看到周围都暗了下来，只有她那里有微光时，我突然觉得好心酸。

　　熟了之后大家偶尔会聚在一起聊天，她说在她的梦想里，一直以来都想养条狗，但每次只能艳羡地驻足观望几眼别人家的狗，因为她根本养不起——没时间也没钱。有一回逛超市，她瞄了一眼狗粮，竟然比大米还贵！然后就和我们调侃，说自己过得比狗还惨。

　　刷她的朋友圈，你其实会觉得她过得还不错。三天两头各种聚会，闲下来的时候更是有山有水有花有草。事实上，她不过是个小白领，每天上班挤在上班的人潮中，下班挤在下班的人潮中，人潮拥挤依然觉得孤独，狼狈而又渺小。很多的"过得好"只是我们愿意让别人看到的万千生活中的冰山一角。真正属于自己的生活，多是自己收藏起来慢慢咀嚼的酸涩苦辣。

2

　　包子是我的大学同学，虽然叫包子，但长得特别瘦特别美艳。关键是成绩还特别好，年年拿奖学金。大学二年级的时候，学校一个很优秀的男同学成了她的男朋友，毕业之后双双北上工作，之后她每天的朋友圈里，有华丽丽的各种大型会议的照片以及与各种大人物的合影。后来发得少了，偶尔会有蓝天白云入境，她总是笑靥如花。总之，大家看她的朋友圈，都觉得她过得很幸福。

　　去年我们见过一次。她领我去了她的住处，进去的时候，我掩饰不住自己的惊讶和心疼。那是一个十几平方米的小隔间，没有空调没有电器，潮湿阴暗，我不知道用"单薄"来形容一个房间合不合适，只是桌上摞得很高的一堆书显得十分扎眼。

她拉了把椅子让我坐下，开始说她这半年发生的事情。她说她辞职了，在准备考研。我很惊讶，只是她看起来挺平和的。我问："大王呢，他怎么说？"大王是她男朋友。她低下头，然后还是以一样的语调说："他喜欢上别人了，分了。"

原来，只是半年的时间，她就遭遇了这么多的事。先是工作中遭到性骚扰，瞒着家人偷偷把工作辞了，之后男朋友背着她和别的女生暧昧，结果对方怀孕了找上门来，对包子不依不饶。其间，包子为了缓解经济压力试图再找一份工作，无奈被骗了。经过一番折腾，仔细思考了几天，她决定守着仅有的一些钱，买了一些资料准备考研。说到最后，包子还是忍不住哭出了声。我们就这么说着话，天快黑的时候因为起了蚊子，她起身掰了一小段蚊香点上，然后腼腆地对我笑了笑说："省着点儿用。"

生而为人，都很艰难。我们都是在自己世界里单打独斗的英雄，大家都有点儿好面子，有点孤独，却也有点逞强。也会哭泣，也会受伤，然后挣扎着在别人面前表现我们身上最体面的地方，也没有刻意要伪装，只是想藏起自己的狼狈，至少让旁人感觉，一切照旧就好。《失恋33

天》里有句台词用在这里无比贴切：世上最肮脏的，莫过于自尊心。而只有在和我们熟悉的伙伴面前，才愿意袒露那些不为人知的伤口。很多人之所以过得好，只是他们觉得你们还不足以熟到可以看见彼此的不好而已。

3

　　我和小胖是同事，刚认识那会儿我来公司没多久，而他不久之后就离职了。几个月时间，我们就经历了从陌生到熟悉，并逐渐成为可以相互倒苦水的知己。因为我接手了他的工作，我们两人就约了一个晚上谈工作交接。我们在肯德基一直坐到商店关门，听一个个电闸门拉下来，看一盏一盏灯熄灭。出来时，公交末班车已经开走了。我们估算了一下，这里离家大概有 5 公里的距离，不算很远，于是干脆就走回去了。我想，人这一辈子一定要有几个和你一起深夜压过马路的朋友，在汽车穿梭咆哮而过的陌生街头，在害怕又心安，脆弱又坚定，孤独又温暖的日子里，和另外一个人一起走回家去。我们俩在深夜的马路上，呼吸着这个城市浑浊的空气，有一搭没一搭地说话。

　　他说他从大一起每年做四份兼职，他说大一有一次他找他爸要 600 块生活费，他爸为难地说能不能下个月给，他说当时自己很愧疚，自此他决心要自力更生，于是拼命打工。他说他刚开始工作的时候被一家公司坑了，一分钱不拿地白干了一年的活儿。我说我也很惨的，刚毕业的时候也被一家公司坑了，老板天天把我当成出气筒。他说，他前女友嫌他穷把他踢了。我说，我前男友嫌我丑也和别人在一起了。最后他看了我一眼说："你好惨啊，比我惨。"

其实在别人眼里，他是年轻有存款又有实力的生力军，我是有闲有诗和远方的傻白甜，但只有我们自己知道我们到底经历了什么。

人生本来就很艰难，但是我们只习惯在好朋友面前彼此拆穿。《人间失格》里有句话：相互轻蔑却又彼此来往，并一起作贱，这就是世上所谓朋友的真面目。

4

在 20 岁出头的年纪，其实每个人多多少少都有过得不如意的地方。只是我们从来不对着外人轻言艰难，只有对着最亲密信任的人才会露出最脆弱敏感的骨肉，相互拥抱疗伤。这个世界永远有打不完的"怪兽"，而我们始终会为某些人一直揪着心。就像电影《我的黑色小礼服》里那句台词：我最害怕的是你们混得比我好，那样我会不安，可是我更担心你们过得不好。大概这就是朋友吧。

时间过去一年了，好像一切都好一点儿了。包子今年考上了研究生，小胖也心满意足地找到了新工作，我知道他们又会开始各种晒朋友圈，但我自豪的是，他们都曾对我敞开真心，而我也给了他们力量。我对他们的期待其实也只是：愿你贪吃不胖，愿你懒惰不丑，愿你深情不被辜负，愿你人前风光人后不受罪，愿你出走半生，归来仍是少年。

第二章

**直面生活的种种
喜悦与悲怆**

年纪越大，胆子越小

1

　　在古装剧或是小说里，经常会有这样的情节，坏人跪在主角面前，一把鼻涕一把泪地哀求说："少侠，我上有八十岁老母，下有嗷嗷待哺的孩子，请饶我一命。"虽说这是一句再寻常不过的台词，但这句话也着实道出了许多中年人生活的艰辛与不易。年纪越大，经历的事情越多，承担的也越多，所要顾及的东西越多，胆子也就变得越小了。

2

　　年纪越大，越怕死。前几天，有老朋友来看我，下班后我急匆匆叫了一辆出租车赶着去赴约。一路上，师傅开得不温不火，我便催促他说："师傅，能快点不，我急着去找朋友。"师傅笑着说："你可以打个电话提前跟你朋友打声招呼，毕竟安全第一。"当我还在腹诽这个师傅怎么这么胆小的时候，师傅跟我讲起了他的故事。年轻的时候，谁都有天不怕地不怕的胆量。对于开车，在人车稀少的地方，他常会把油门踩到底，化身"车神"，享受那种风驰电掣的感觉。但有一次，他出了事故。当他苏醒过来时，他的老父亲慌慌张张地从老家赶了过来。老人是赶了一夜山路才摸索到县城医院的，赶到时一脸的憔悴和恐慌；而他那个年仅 7 岁的女儿，看见血被吓得躲在角落里，缓过神来后哭着对他说："以后丫丫会乖乖听爸爸话。"……师傅认为自己还是比较幸运的，大腿绑了一个月的石膏就无碍了，不过与死神擦肩而过的感觉他一直记忆犹新。见过了生死，才知道生命的脆弱和可贵。关于命，有的人被送进医院，被抢救了过来，然而有的人连后悔的机会都没有。他最后说："年轻的时候，一直觉得死亡是一件很遥远的事，而等到了这个年纪，会觉得生命脆弱，更由不得自己。"

现在的他，早睡早起，坚持锻炼，随身带着水壶，枸杞红枣不离身。年纪越大，命就越不是自己的。好好地活着，不仅仅是对自己负责，也是对家人负责。年纪越大，胆子越小，会慢慢失去"初生牛犊不怕虎"的冲劲，却也更懂得了敬畏生命，懂得了在生命面前要礼让三分。

3

年龄渐长，对于挑战也会更加谨慎，在命运面前，也越发小心翼翼了。

比如我的父亲。他年轻时不顾众人阻拦从体制里出来，南下创业。在工厂流水线里当过工人，工作了半年觉得前途迷茫跑去深圳开始做销售，跑了一年的单，又转行做了手机代理商……后来结识了我妈，两个人结婚以后，工作稳定了下来，心也定了下来，慢慢地他不再四处奔波，而是把更多的精力花在了经营家庭上。

前几年，家中有亲戚想找他一起投资做生意，前前后后来了几次，向他描绘了宏伟的发展规划，试图说服他。爸妈都动摇过，但最后还是没有答应。那天拒绝了客人后，他对我说："在什么年纪就该做什么年纪的事情。二十几岁的时候不能畏畏缩缩，裹足不前，但等到年岁渐长，就不要像二十几岁时一样肆意妄为了，那是对你自己也是对家人的不负责。"后来，等我出去工作接触了更多的人以后，才明白了这番话的意思。

上了年纪的人按部就班地完成他们生活的一切，不是他们的热血已凉不愿作出改变，而是他们知道在这个年纪，选择的代价变高了，容错率变小了，今后的每一步都要走得小心翼翼，因为他们承载着整个家庭的幸福，一荣俱荣一损俱损。一旦上了年纪，人生就跟整个家庭绑在一起，他们成了家庭的支柱，成了家人的盔甲。他们比之前更怕穷，更怕失败，乍看是守着一亩三分地的短视，其实不过是承载着让家人吃饱穿暖的朴素愿望。孩子需要照顾、妻子需要呵护、父母需要赡养，他们肩负起让所爱之人幸福的责任，他们小心谨慎地在风险最小的道路前进着，因为担子变重，所以胆子变小，这种胆小是伟大的。

4

年纪越大，越认"厌"。

人越长大，越爱"撒谎"，学会了对家人报喜不报忧。

前几天听到一个故事。有个保洁阿姨在外值班时，被路过的一群年轻人无端欺负了。他们借着酒劲胡乱撒泼。砸坏了她的垃圾车，折断了她的扫把，推推搡搡中，还把她推倒了，胳膊肘被玻璃扎出了一道大口子。她一个人捂着伤口去附近的诊所包扎，包好伤口后，还回来默默地把工作完成。回到家的时候，像平常一样洗衣做饭，笑脸盈盈，像没事儿人一样。

后来是她同事无意间发现了她的伤口，并跟她丈夫提起，她家里人才知晓。很多人不明白她为什么不说、不哭、不喊痛，为什么不反抗、不报警、不据理力争。大家有点怒其不争地说："年纪越大，怎么越厌了，太窝囊了。"她只是讪讪笑着。后来私底下和别人聊到这件事，她说："就是不想让孩子老公担惊受怕。"

年轻的时候一腔热血，满是孤勇，觉得受了委屈就得去争一口气。疼了就哭，痛了就喊，气了就骂。但多长几岁，就知道了要能伸能屈。很多事怕麻烦，怕得罪人，想了想，也就摆摆手算了，其实更重要的是害怕因为自己的生活陷在纠缠里，连累自己的家人跟着一起担惊受怕。

你只身在外打拼，忙到忘了吃饭，父母的电话过来，就一个劲儿地说吃饱了；你在职场上受了委屈，进家门前会努力自我消化委屈，反反复复说服自己不要把坏情绪带给家人；你被恶人坑了，上当受骗，孤立无援，在家人面前，你也会挺直腰板，告诉自己，在他们面前，你不能倒下……年纪越大，越变成了一个很厉害的"撒谎精"，这不是无能懦弱，而是另一种方式的成熟。认怂，不过是因为太爱。

5

有人说，人越成熟，就越会慢慢把自己包裹起来，活得孤独孑立。年纪渐长也就越会渴望一个稳定的生活。因为有了孩子，有了家庭，生活给予了我们软肋，让我们拥有了坚不可摧的铠甲的同时，也有了不可触碰的柔软。

君子以泽在《夏梦狂诗曲》里说过："人就是这样，

年纪越大，人生的包袱越来越沉重，任何打击都可以将包
袱下小如蝼蚁的自己挫骨扬灰。"我们不再想着要去当一
个仗剑走天涯的浪子，而是想去成为一个好妈妈、好父亲、
好女儿、好儿子；我们不再想着去拯救世界，而是想多一
些时光去帮妈妈洗碗，给女儿讲童话故事……不是胆子变
小了，而是明白了凡事得讲究个分寸，明白了生命诚可贵，
明白了身上不可轻卸的担子，明白了所爱之人得用力去守
护。因为我们想用余生爱我们所爱的一切，这背后的爱深
沉而伟大，温柔而含蓄，它不是怂不是窝囊也不是怯懦，
而是付出、成全以及爱。

别害怕，勇敢去爱

1

阿进心里一直有一场青春的遗憾。

他曾经和一个女孩交往了一年。他们秉烛夜谈，抱着手机每晚聊到深夜；他们常常约会，走遍了这座城市的大街小巷和电影院；在一个更深露重的夜晚给她披上了衣服，搂了她的肩也顺便牵了她的手。

可是，因为阿进生性敏感顾虑重重，也就迟迟没有表白。那场感情就这样无疾而终了。

多年后的一天，我约孑然一身的阿进出来喝酒。他说起了那段过往，说起了那个给他温暖的女孩，他说她善良、体贴、可爱，他说他知道她下个月要结婚了，他说他是如何一次次地错过她，末了，猛灌了一口酒，摇摇头叹息着说他这辈子再也遇不到这么好的姑娘了。

我在那一刻突然记起很早以前的一个笑话。有个男人性格怯懦，有一年他看上了一个姑娘，便陷入了漫长的单相思，当他经历了各种犹豫之后，终于下定决心去娶那个姑娘时，姑娘的姥姥告诉他，那个姑娘早已经是 3 岁孩子的妈了。

我们总是在顾虑很多东西，却往往忽略了时间的残酷。生命不长，青春更短，在你能爱、想爱时，一旦不把握当下，很多东西就错过了。而等待太久，也会把那种想去爱的热情一并消磨光了。

2

《太阳的后裔》当初大火，其原因之一就是男女主角第一集上来就互相表白，干净利落的感情线让人惊喜。终于有部爱情剧，避开了男女主角青梅竹马就是不说喜欢，非要到第六集才能发现彼此心意，第八集才可以亲吻的套路。其实爱情本来就很简单，一个微笑一个眼神，空气中弥漫着你知我解的暧昧，然后想要就伸手去争取，男人不扭捏，女人不矫情。

感情上不要彼此消耗、彼此试探，暧昧虽然美好，但暧昧久了，慢慢地就什么都没了，最后只会留给你一个永久的遗憾。

表白宜快，幸福是努力来的，缘分是自己争取来的，一切都不是等来的。

3

谈完爱之后，自然要谈到另一个问题：性。

比如好友阿离半夜的时候就给我发过消息，她说：恋爱三天的男朋友硬要跟我那个，你说他到底是不是真心爱我啊？

年纪轻轻血气方刚可以理解，但是一上来就猴急得直奔主题，多少会让人怀疑你的真诚。

与此相反，我想起我的另一好友，她与她的先生谈了4年异地恋，但是他们是结婚后才对彼此宽衣解带。

我们曾经集体调笑过他们夫妇二人，他先生最后坦白，因为家庭观念的原因女方很保守，她有她自己的坚持。既然这样，那作为她的男朋友自然要尊重她，反正在他心里，早已认定她，既然注定早晚会有那一天，晚一点又有什么关系，爱她就要尊重保护她。

我并不是反对什么，我只是想借此说明：男人爱一个女生，就会愿意为她克制。

其实，性并不是感情的关卡，相反，它是感情的催化剂。当一个姑娘爱你信任你，一切都会是水到渠成的，而你在她还没想好时，就以"不上床就分手"这类的话闹孩子脾气，就显得狭隘而又幼稚了。

如果可以，经历从暧昧到牵手、拥抱、接吻……虽然慢了一点但日后回想起来会很有趣，那种少年少女情愫，想想就十分美好。就像吃一包彩色糖果，你把里面每个颜色的糖果都尝一遍，从甜到酸，丰富而美好。

4

生命不长，青春更短，感谢有爱情，让你我都活得更加丰盛。

愿每个人最后都能遇到属于自己的幸福，那个爱你的男孩会抱着玫瑰在你心动的那一刻向你飞奔而来；那个你爱的人会拥着你一起享受阳光的美好和星光的璀璨。

在能爱的时候，勇敢去爱，在爱了的时候，好好谈爱。

永远年轻，永远热泪盈眶

1

　　毕业一年有余。昨天上午，大兵找我，许久未见，很自然地就谈及了各自的工作。大兵在深圳一家传统企业做销售，工作清闲，年薪 10 万。大兵抱怨说生活窘迫，我说你就不怕月薪 4000 的人唾弃你，说你变相炫耀？他苦笑。据他说，不管是空余的日常时间，还是狭隘的交际圈，又或者是将来的发展去向，一个月一万块看着多，但对于在大城市生活的我们来说不过是杯水车薪，这一切引发的不安，在他深夜打开朋友圈刷到朋友风生水起的近况时，达到了最高潮。

　　10 万年薪于现代人来说，不再风光。

2

　　贫穷是我们共同的焦虑。好友阿泽从大三那年就开始焦虑，那年暑假期末考试一结束，他就跟着几个大四的学长去了广州。开学再见的时候，阿泽约我去吃麻辣烫，顺便说了那几个月的经历。

　　人年轻的时候总是爱瞎折腾，就像阿泽，什么都没联系好仅凭脑子发热就直奔广州了。一下火车站，他就扎进了人堆中，走出来站在公交车站的那一刻，看着来来往往的班车，他说他特忐忑特迷茫，感觉自己落魄得像个流浪汉。

　　酒店太贵没舍得住，就在网吧里睡了一晚，第二天恰巧碰到马路上有工厂在招工，他就直接去了。年轻时候的热血是经不住工厂流水线的消磨的，耗了两个月，工钱被克扣了不少，第三个月的时候还大病了一场，熬了三个月的工钱一下子就花光了。

　　"后悔了吧？"我问。阿泽笑了笑，说："我有什么资格谈后悔。"阿泽的家里举全家之力让他上了大学，现在正天天盼着他养家糊口。在钱的事上，要么你不问，只要你一开口，那么多的90后每个人都有自己的苦涩。就像阿泽，现在已经毕业一年多了，一个月能赚一万，但他还是摆脱不了对自卑和贫穷的恐惧，交完房租扣除伙食费，能寄回家的也是所剩无几。你问阿泽，一个 1994 年出生的人一年赚 10 万多不多，阿泽会苦涩地摇摇头。

3

最让人焦虑的是前路迷茫。说回大兵，他大学那会儿做过乐队，他是个贝斯手。当初的他可以大冬天穿着厚厚的睡衣，披件羽绒服，在排练室里一待就是三天。偶尔会接到几个演出，去别人的婚礼上弹一段或者在学校的音乐会上露两手，路上偶尔遇见一两个能认出他的人他都能兴奋好几天。

他也一直觉得他在某方面有异于常人的天赋，生来就是要改变世界的。但是大学毕业后，说不清具体是从哪个时间开始，或许是当他在整理行李时把贝斯寄了回去，或许是面试娱乐公司第一轮就被刷了下来，又或者是他跟着人潮去找工作被企业签了……总之，他慢慢失去了幻想成名的热忱，慢慢向朝九晚五的工作妥协。

大兵说他羡慕热爱工作的人，甚至羡慕阿泽，至少阿泽知道自己要努力赚钱。而他自己对于为什么做这个工作，将来又要做什么，自己想做什么，都说不上来，浑浑噩噩的。在寸土寸金的大城市里，年薪 10 万的人太多了，可能随便一个摆地摊卖煎饼的阿姨都挣得比你多，你吃不饱饿不死，又狠不下心来辞职。最可恨的是思前想后发觉自己一无是处，唯一庆幸剩下了一点关于梦想的微弱火光，又难过于自己的能力配不上自己的梦想。

"好怕现在就是我的将来，一辈子就这样了。"大兵说。你看，有的是大把大把的年轻人，月入过万依然迷茫。

4

还有一种焦虑是源于同龄人的比较。这个时代，大家好像都变得格外焦躁。神经敏感，好胜心又极强，所以有时候就会在自卑与自负之间反复切换。

在关于钱的问题上，大家心里从来都是这样想：真让人不安啊，我挣得不少，但是总有人比我挣得多。年薪10万对于二三流院校刚毕业一年的本科生来说算不错了，但是扣掉五险一金、个税、房租、伙食费、交通费、水电费，月底所剩无几，一个"双11"足以把你压到贫困线以下。一不小心听到A进了名企，B创业获得融资，更会抑制不住地嫉妒、羡慕、自卑。

人比人最伤人，所以老同学们一旦坐下，想谈薪酬又都羞于谈，于是默契地不谈工作，呷一口小酒后，发现我们除了一遍又一遍地碾轧回忆，真的就只剩沉默了。钱，曾几何时，开始逾越了初恋、游戏、篮球，成了我们最大的追求，也引发了最深的焦虑。

5

　　怀念年幼的时候，兜里揣个一块钱都心满意足得仿佛是个富豪。长大后当我们也开始谋生，就会觉得无论多么努力，无论赚多少钱都填不满心里的窟窿，都无法感觉到满足。我们看着年纪轻轻，但是心怀的不是远方，而是压力和沧桑。

　　网上说，一年挣 10 万块，你已经超过 90% 的中国人口。根据国家统计局公布的 2016 年数据，全国居民人均可支配年收入为 23821 元，中位数为 20883 元，其中城镇居民人均可支配年收入为 33616 元，中位数为 31554 元。年薪 10 万即便在北京，扣除各种费用后的收入大约是 75480 元，这是城镇居民的平均可支配年收入的两倍还多。但不可否认的是当我们面对一份 50 块的午餐，一晚 500 块的酒店标间，还是会感到脊背发凉。拿着光鲜亮丽 10 万年薪的人依然过的是"吃土"的生活。我们依然有难以逾越的心理焦虑和推翻不了的自卑感，攀升的物价以及年龄增长伴随而来的生活压力让更多的人不敢懈怠，不管你是年薪 5万、10 万、20 万乃至 100 万甚至更多。尽管如此，我仍然觉得年纪轻轻没有点贫穷的焦虑，怎么去过好这一生啊。

　　不管现在赚着多少钱，焦虑让你保存了向上的渴望和好胜心，日子总是会越来越好的。毕竟我们都还年轻，不管多穷，因为你的不甘，也能避免过早地变得颓废。

爱情里，我们要学会势均力敌

1

我上大学的时候，我们寝室里有个女生在和外校的一个男生谈恋爱。他们每周出门的花销都是男生负责，而且节假日男生必须要送女生 99 朵鲜花和礼物，在她看来，这是理所应当的。

后来我工作后遇到过一个模特，很高挑很漂亮。她曾经直言不讳地表示自己的择偶标准就是要年薪 100 万以上。追求者送过来的礼物，低于一万元的她就会表现得一脸嫌弃，而到了生日、情人节此类的节日，她似乎早早就开始准备好要收一大堆礼物，并且还会在朋友圈暗示自己的喜好。

她认为接受一个追求者一万块左右的包是再正常不过的事了，你要追我首先就要有礼物表示啊，这是理所当然的事。不仅仅是她，似乎大家都在默认，不管是不是婚姻关系，要想追到女生，男人送女生礼物就是合情合理的。可是一旦习惯了伸手，我们就很难再站起来了，习惯索取最大的不好是矮化了自己，容易失去养活自己的能力。

我有个朋友去年结婚。她说她和她先生恋爱三年结婚一年，两人一直都是 AA 制。这样的方式别人或许不能接受，但是他们接受，而且关系一直很好，几乎不吵架，不会有经济上的冲突，不会有不信任的危机，彼此更能体谅和尊重对方。

她说男人也不容易。另外，自己拥有经济实力是可以给你和他平等沟通的底气的。

再者，不要幻想爱情的力量可以突破天际，根本上它也需要势均力敌。

2

不要主动要礼物，其中还有很关键的一点是：主动给跟被动给还是有很大差别的。

我那个朋友的丈夫，会在每次出差回来时给她带一份礼物。有时候是机场免税店的一瓶香水，有时候是在异国买来的一个珠宝，有时候是景区里的一串花环，礼物有轻有重，但心意传达出来的都是关怀呵护。

她不会去索要，不会去提醒，也不会盯着节日期待礼物，更不会在乎礼物的轻重。她知道想送礼物的人不会只挑节日，礼物最大的意义也只是表达爱而已。爱你的人，不会着重强调情人节那个日子，因为生活天天都是情人节。想送你礼物的，不需要你来提醒，因为他巴不得把全世界最好的礼物都堆到你面前。

其实啊，我们都想要很多很多爱，很多很多礼物，很多很多表白。可是如果硬要给它加上框架、限定日期，那么一切就失去了原有的意义。

3

而我想，爱情的态度不是买一支口红、一瓶香水就能被断定的，生活的冲突也不是礼物买贵了就可以解决的。更为重要的是，我们要意识到：乐于享受被物化的感情，盲目跟从狭隘而短视的价值观的女性，是悲哀的。

新时代的独立女性，除了在自我上要看得起自己，也要用公平的眼光去对待男性。与此同时，还有牢记一个简单却一直被人遗忘的道理："伸手要"不管是什么理由什么包装，始终是不好看的。

好好吃饭，可以解决 80% 的问题

1

一方水土养一方人，所以每个人都有自己眷恋的一个味道，烙进生命的记忆里。

细细想来，虽然食物本身没什么特殊，但那个你印象最深刻的味道，里面一定包含了无限的温暖、付出和爱。

成年人的世界多的是苦累辛酸，但所幸有一日三餐。那些能够娓娓道来的故事，无一不是有"味"可说。

和男友分手三个月时，收到了他匿名寄的一个包裹，是颗猫山王榴莲。后来，我们就和好了。告诉朋友时，他们都嘲笑我是个吃货禁不住诱惑。我不置可否。这个还在读书的男生，每个月节衣缩食坐十几个小时的硬座火车来看我，记得我所有的喜恶，容忍我连自己都不能忍的坏脾气，即使是我先说离开，他也克制地对我说："要好好的。"

那些有 100 元愿意花 99 元在我们身上的人，在这世上

屈指可数，丢一个少一个。我们总是一山望着一山高，在别的地方跌得头破血流后才想起错过的赤诚。人这一生，贵在珍惜。敢去爱不难得，能坚持下去才难得。

2

我爸煮得一手好面。

就是清汤寡水下的一碗挂面，上面漂着辣椒油的红油星，浮着几粒米椒籽和一些葱花，看起来很有食欲。

其实是因为那时候家里很穷，为了做菜有点味道，我爸会在每个周末，从菜市场捎回来一把米椒、麻椒、八角和桂皮，和着油，用小火慢慢细煎成辣椒油。之后吃饭时，在每道菜里，都拌上一小勺，尤其是下面的时候，就算不放其他佐料，也香味扑鼻，令人垂涎欲滴，大家吃得酣畅淋漓、意犹未尽。

每次我不开心，他都会乐呵呵地凑过来说："没事，我去给你下碗辣椒面。"

埋着头吃完一碗面后，他会和我一起心情愉悦地想解决办法。长大后的我，因为身体原因更注重养生，但每次下馆子看到别人桌上的辣椒油，就会想起爸爸，想起我的儿时，想起我的辣椒油。

那碗辣椒油，代表的是我爸教给我的生活哲学：生活再难，用心生活，也能从贫瘠的土壤中开出花来。

3

　　这家卖热干面的店伙计有点幽默。每次去，伙计都会认真问我："加不加辣椒?"我笑答："搞什么，早上吃热干面加辣椒不会燥得慌撒!"

　　一碗优秀的热干面，面要掸得刚好劲道，上头要撒香葱、带辣劲的酱萝卜、腌豆角、嘎嘣脆的小豌豆，芝麻酱一定要均匀地和在每一根面条上……虽然这里的味道，总是差那么几分，但依然是我光顾得最多的一家店。

　　或许只有湖北人，才能理解一个武汉人对热干面的感情。就像川渝离不开火锅，兰州离不开拉面，湖北人记忆里不可抹灭的是热干面。所以就算扎堆到了北京，川渝人依然点火锅，兰州人偏爱面食，福建人好几口鱼，武汉人想热干面比想家频繁。

　　正如作家徐逢说："热干面，是流淌在武汉人血脉里的热辣。"在外吃老家菜的人，从来不是指望味道，而是单纯找找安心的感觉。

4

　　我们刚在一起的时候，我还在读大二。

　　有一回感冒的我抱怨"病了吃不了重口"，隔天他就提了壶自己炖的皮蛋瘦肉粥给我。他说他问了一圈我的同学，知道我不喜欢喝甜粥。

然后拉着我到操场的看台上，捧着壶咕噜咕噜喝。他看我抱着比头大的壶有点辛苦，夺过我的勺子一勺一勺喂我。

两个青涩的年轻人红着脸，一声不吭地你一勺我一口，吃光了那一壶，然后我第一次主动亲了他……

后来，我们分开了。听说他去了广州，不知道他在那个到处有粥的城市，喝到软软糯糯的鲜咸味道时，是否会想起我们那天的吻。

有很多人问过我是否会恨他怪他，老实说一开始是有，但后来就不了。我知道我被真心地爱过宠过呵护过。只要两个人曾经彼此真诚，不负爱过便好。

5

萝卜排骨汤，是一种喝了就会让我活过来的食物。

我肠胃不是很好，老一辈常交代我妈说汤更养胃。所以，萝卜排骨汤，是我食用频率最高的菜品。尤其是加班到深夜的时候。在瓦罐里焖到略微滚烫的温度，萝卜软而不烂，肉是恰到好处的嚼劲，汤清透微微泛油光。一口下去，热气在胃里荡气回肠。

有一次周末，我陪妈妈去买菜，我们在很多个肉摊面前挑挑拣拣半天，妈妈边挑边念叨："要这个颜色才新鲜，肥瘦这个程度的是本地猪，要这个段的肉质好……"在肉摊前花的时间比在其他摊位的时间总和还长。我有点尴尬，有点恼火，有点心疼，却也动容。

在这世界上，有一个人竟会如此努力地给你煲一盅汤。

《请回答1988》里有段话：偶尔妈妈会让我觉得很丢人，为什么妈妈连最起码的颜面和自尊心都没有呢？我对此曾经非常恼火，但那时候我并不明白，那是因为我。因为比起自己，妈妈更珍惜的、更想保护的，是我。

6

成年人的世界，酸甜苦辣的滋味都藏在一碗食物里。每个人的生命里都有自己眷恋的一个味道。总有那么一碗饭，吃得让你泪流满面。

我们快乐的时候，吃麻辣小龙虾、桂花赤豆糊、生煎馒头、红油米豆腐、煎饼果子、麻辣藕片、贵妃凉面、桂林米粉、鸭血粉丝、驴肉火烧、羊肉串、豌豆黄、椰子饭、猫耳朵、土笋冻、臊子面、汽锅鸡、清蒸虾虎、酸奶冰棍、糖油粑粑、担担面、海蛎煎、锅巴蒸……

我们不开心的时候，吃糯米鸡、毛血旺、冒芋头、蹄花汤、串串香、泥鳅挂面、崇明糕、海南鸡饭、烧肉粽、拔丝芋头、葡式蛋挞、鄱阳湖狮子头、酥油饼、状元豆、烤马步鱼、杨枝甘露、牦牛酸奶、麻辣鸭脖、烧仙草、甜酒冲蛋、口味虾、松鼠鳜鱼……

吞下去的是一口热气，吐出来的是支撑我们继续活下去的力气。中国有句古话"民以食为天"，一蔬一饭，当思来之不易。一汤一水，都要细细品尝。

吃下去，熬过去，纵然世道再难，没有跨不过去的坎。好好吃饭，可以解决人生80%的问题。

掌控自己，才有可能掌控命运

1

阿丽的故事是现实版的丑小鸭变白天鹅。现在的她身材曼妙面庞秀丽，又是毕业于全国重点院校的博士生，有一份令人羡慕的事业。她去年刚结婚，丈夫是年轻有为的上市公司董事。大家今天约了聚会，只见她略施粉黛，一身套装裁剪得恰到好处，款款向大家走来。

谁承想面前这个知性又时髦同时事业有成的年轻女子，当年不过是个又瘦又小，家境贫寒得几近上不起学的农村丫头。

这简直太励志了！

但是，每一份光辉的成绩都是她努力拼来的，她配得上现在的生活。若要问她凭什么，仅凭她身上拥有的超乎寻常的自律，就注定了她的不平凡。

2

我想起了当年她考研的事。为了考上那所梦寐以求的学校，她在考研过程中表现出的自律就让所有人自叹不如。当年特别多的人来规劝她，他们给她看各种招聘资料，告诉她选择可以有很多种，最宝贵的年华不应该浪费在这里。没有多少人能理解她的坚持。是啊，生活的路有很多条，这条走不通可以寻找另一条，何必死磕，但她偏不。

考研的那些日子里，并没有所谓的美好回忆。她在校外租了个小房子，10平方米左右，一个厕所、一张床还有一张桌子，光线暗，没网络和空调。夏天的时候她买了个小风扇呼哧呼哧地转，热得不行了就用凉水洗把脸回来继续看书。为了有充足的学习时间，她每天早早地去自习室占座位、背书、做题，打瞌睡的话就掐自己，实在困得不行了就花5分钟去操场跑一圈；为了排除干扰，她选了最角落的位置而且一坐就是一天；为了提高效率，她每天都给自己定了目标，不完成决不罢休；为了观察自己的进度，她找了优秀的伙伴作为参照；为了增加考上的概率，她用心分析题目套路，单单分析往年试题她就做了好几本笔记。

没有娱乐、没有假期周末、没有闺密闲聊唠嗑，连吃饭都得一路小跑。她就像一台上着发条的机器，雷打不动地坚持了一年。最终，她以第一名的初试成绩进入复试并最终被录取了。要知道，这对于一个三流不知名高校的学生来说几乎是史无前例的，面试的最后她忍不住当着所有老师的面情难自控地哭了，那种感觉就像是在暗无天日的煎熬里终于看到了一抹光。旁人如何能知道，她曾经熬过了多少寂寞又煎熬的时光。

那种天蒙蒙亮就爬起来，从天刚泛白背书背到太阳升起，再重复做一套又一套的试题的枯燥和疲倦。那种人来人走却鲜有人可以畅谈独来独往的孤单，那种报志愿和备考时权衡再三的提心吊胆，还有那种不断想要放弃又不断自我说服的分裂。

如果换成了别人，我们往往看到的更多的是一个又一个人的放弃。他们会嘲笑这样的生活方式不值，他们会说：这世界上的路有那么多，何必一根筋跟自己过不去。他们走最容易的那条路，但最后也难免泯然众人，所以他们终究活成了平庸的模样。但那些和畏惧以及惰性作斗争并最终坚持下来的人，他们避开了安逸区，却也最终得以遇见更广阔的天地。

就像那句名言说的那样：能控制住自己的人，才能掌握自己的命运。

3

作为女孩，每一分美丽的背后其实也都是自律的结果。我们邻居有对双胞胎姐妹，姐姐身材窈窕，皮肤细腻光滑，但妹妹却与之相反，胖了很多不说，气质也不如姐姐。大家常常开玩笑说她们不像是一个妈生的。

事实上，每回我去她家玩，早上9点她的姐姐基本已经在家里运动得满头大汗了，妹妹却还在被窝里呼呼大睡。中午吃饭的时候，姐姐很有节制地控制食物摄入，妹妹却习惯在饱饭后拿着零食窝在沙发上大快朵颐。当被别人嘲笑时，妹妹也会一脸不平地为自己找借口，说自己是易胖体质，同时信誓旦旦要戒掉不良习惯，坚持锻炼，但每次都坚持不到三天就偃旗息鼓了。这就是差距。

我们做事往往只有一分钟热度，连三分钟都没有。前面一秒还在豪言壮语说要去征服地球，下一秒可能就会赖在床上，连手指都懒得动。可怕的是面对失败，我们还习惯于找借口。

亦舒曾说过，爱得不够，才借口多多。当你不想做一件事的时候，可以找出千百种借口来推脱。回头看看这二十多年，你难道没发现你的人生没有按照你想要的轨迹发展，不就是因为你陷入了一次又一次地制定目标和一次又一次地偷懒、放纵、放过自己的死循环中吗？所以，不自律的人生，美丽自然离你越来越远。

Keep（一款具有社交属性的健身工具类产品）有句口号：自律给我自由。我坚信这是真理。

4

与其说阿丽是成功逆袭的丑小鸭，还不如说她身上早就具备了白天鹅的特质。

很多人羡慕别人的精彩和成功，但要是谈到残酷的自我管理，就开始纷纷打起了退堂鼓。的确，不是所有人都有毅力去逼着自己拼命奔跑，当没有了危机与压力，人们多数时候会像一只猫，找一个最舒服的状态，蜷缩在窗台边，眯着眼慵懒地晒着太阳，趴着不动。

距离成功越近，越是路广人稀，道路也更为艰难，需要克服的本能欲望也会越多。但如果你是像阿丽那样的姑娘，有那样高度的自律，人生还怕什么事做不成吗？

不是所有错误，都值得被原谅

1

　　闺密再婚了，假期我去看她，看得出她现在过得很幸福，丈夫很宠她。但谁又知道，三年前她因为情伤一度轻生。

　　她之前有过一段婚姻，前夫是她初恋男友，也是大学同学，初次坠入爱河的女人总是爱得炽热，爱得奋不顾身。临毕业时，因为意外怀孕，两个人被迫在闺密家庭的压力下草草结了婚。但没想到一切噩梦才刚刚开始。

　　她的前夫毕业后找不到好的工作，又好逸恶劳，干脆就赋闲在家，劝他时他总会有各种理由推脱。后来更是染上了赌瘾，把她的陪嫁输得所剩无几，在夫妻二人即将坐吃山空时，为了即将出生的孩子，闺密只能挺着大肚子出去找工作。但是就算这样，他还是不懂得珍惜，先是出轨，再就是几次酒醉后开始家暴，在闺密怀孕 5 个月时，把她打得流产了。

　　躺在病床上的她最终心灰意冷选择了离婚。准备离婚的那段时间几乎是她人生最灰暗的岁月。她终日把自己反锁在房间里痛哭，整个人处在崩溃的边缘，前夫倒是分得很坚决很干脆。

　　两年后，闺密走出来了，也凭着自己的能力做起了生意，收入颇丰，后来再遇良人就再婚了。而今他们都已各自新组了家庭，一副相忘于江湖，老死不相往来的局面。但就在最近，前夫好像被查出得了重病需要开刀，然后他当年出轨的对象，也就是现在的妻子就找上门了，说要她念在当年的情意上原谅他，看在他现在过得这么不好的份上拿钱救救他。

　　闺密冷笑一声，毫不留情地拒绝了她。结果那个女人就在她家楼下大哭大闹，没几天事情就传出去了，开始有很多人在背地里说她狠心，说一日夫妻百日恩，说救人一命积善德，说她怎么能这么狠心，这么守财。她冷冷地说："我狠心？当年我孩子的命就不是命，我的痛就不是痛？要我救他，我还没有那样的胸怀。"末了，她说，"针不扎你身上你当然可以把道理说得头头是道，原谅是上帝的事，可我是凡人。"

2

　　小月一直以来和她婆婆的关系就很紧张。她婆婆一直对她的出身耿耿于怀，一言不合就冷言冷语讽刺她是单亲家庭出身，对她的很多做事风格也不认同，做什么都能招致她的不满，小月身为小辈，只能忍气吞声。

结婚后她被要求包揽全部家务，她婆婆把她当丫鬟一样使唤。有一次她让老公帮忙洗下碗，被婆婆看见了，老人家直接把她老公赶回屋里，然后指责她："不会照顾长辈就算了，对我儿子的照顾也不行。我儿子工作很辛苦，家务本来就是你的责任！"她婆婆重男轻女，为了让小月生男孩，哄骗她喝江湖郎中给配的来路不明的"偏方"，全然不管小月身子虚弱，导致小月第一胎流产了。

小月那几年的日子过得很压抑，每每想和外人说起，但碍于颜面，怕别人说她做媳妇的没肚量，又只能把话咽了回去。后来孩子大了，她丈夫收入高了在外面买了新房，他们也就搬出去了，给老人家雇了家政，逢年过节一起吃饭见一见，送送礼，其他时候也就没怎么相处了。最近，老人家说家政浪费钱，要搬来同小月他们一起住，小月断然拒绝了。于是家里亲戚开始纷纷来劝她，说尊敬长辈是应该的，年轻人不能这样自私，说小月不能不尽孝道，这样不仁义不善良。

她很愤怒，她哭着说道："人不能总是无原则地原谅别人，我就是原谅不了。"是啊，毕竟受伤害的不是你，做不到切身体会，我们怎能要求一个本就备受伤害的人反过来佯装大度原谅那个伤害过她的人呢？

3

这种"站着说话不腰疼"在别人的悲剧面前道德意识分外强大的人并不少见，网络上更是泛滥。

你们记不记得岳云鹏火了之后，在《面对面》栏目被问起他的过去时，他对着镜头讲述了自己 15 岁那年在酒店做服务生被客户羞辱的事情。记者问：你现在再想到这些事的时候心里浮现出来的是悲伤还是气愤？

岳云鹏回答：我还是恨他，真的，（别人会说你）春晚都上了，你是一个演员了，你挣的比原来多了，《面对面》这么有深度的节目采访你，你应该怎样怎样，你不应该恨他了，你应该感谢他曾经怎么样怎么样，如果没有他，你不会被开除，没有他，你不会认识郭德纲。可我还是恨他，我特别恨他，到现在我也恨他，凭什么，我都给你道歉了，我什么好听的话都说了，你还这样……

那档节目播出后，网上不断有人在说他怎么这么记仇，事情都过去这么多年了，而且都成明星了，怎么还这么斤斤计较。

还有那个因为难以摆脱童年阴影而自杀的林奕含，她生前在访谈中提及这么多年她一直沉默的原因。她说她其实试图说起过，只是当她在网上陈述一些她遭受的不好的事件时，网友却在下面评论指责她太敏感，要她原谅过去，放过自己。

再比如，就我亲身经历而言。我曾经在春运时，费了好大周折才买到了一张硬座票，一上车有个老婆婆直接斜躺着霸占了我的座位，当我委婉地要求她把座位还给我时，周围的众人普遍沉默，有几个人开口了却要求我把座位让给老婆婆，对我说年轻人要敬老，让座给老人家是应该的。当时那班火车挤得无从下脚，那天晚上我只能顶着疲惫站了一夜。

你看，总会有那么多人，完全不问事情的起因缘由，就傲慢地站到看上去比较弱势的那一方去。而且随着网络的发展，我发现这种盲目的人越来越多了。

4

然而事实上，整天把"善良"挂在嘴边的人，也许和"善良"两个字实在没什么太大关系。这些人凑在一起，把听到的道理记个大概，然后站在别人的困难面前指手画脚，他们无所谓事实的真相，无所谓事情的道理，无所谓那个真正在这件事里受了伤害的人是多么需要体谅和支持，他们只会没有任何责任感地说出轻飘飘的空话。这种伪善的"圣母"正是我们需要远离的。

你和他们走得太近，势必要任凭他们对你的生活指指点点，你不采纳他们的意见，他们就会反过来指责你没良心、不宽容、不仁义，但你一旦听了他们的话，最后委屈亏待的就是自己。反正被伤害的又不是他们，所以他们能在别人的纠葛里劝别人看开，既显得自己智慧，也表明自己"善良"，只需动动嘴皮子动动手指就可以给自己树立一个高人一等的形象，何乐而不为呢？可是置身事外的他们，凭什么来对明明是受害者的你进行指责？要知道，不对伤害我们的人给予原谅，那也是我们的个人权利。

拯救我们人生的从不是碾压，升华我们生命的从不是伤痛，美化我们品格的从不是无原则地退让和原谅。如果有一天，我们从那些不堪的岁月中浴火重生，该感谢的是所有施以援手的人以及坚强的自己，而不是勉强微笑假意讴歌那些施暴者。

作为一个人，愿你沉默背后无有不甘，平静背后不曾伪装，微笑背后并未勉强，愿你不会打落牙齿和血吞，愿你快意人生。

总之，如果你无法真正忘怀、真正放下、真正原谅，亦不必为了满足某些假好人的世界观，强迫自己去原谅。

真挚的友情，不会输给时间

1

都说，在这人世间，遇到一份爱情难能可贵。事实上，能遇到一两个知己，也是极幸运的事。

闺密就是一种神奇的物种，能陪你哭，陪你笑，陪你疯，陪你闹。女生一旦对友情认真，有的会比爱情更刻骨铭心。

2

我在医院看到过这样一个画面：有个小女孩由小伙伴陪着来打针，当她被打针吓得大哭时，小伙伴一边指着她的鼻子笑她，一边往她嘴里塞糖。所谓闺密，无非就是如此，相互玩笑，却不离不弃。

比如，坐在我旁边的同事，常常喊她的闺密"大胖傻"，可当我们见到她闺密本人时，发现原来是个高高瘦瘦，极为清秀的美女。姑娘佯装不满地对我们抱怨，她说她曾经是真的很胖很傻气，我同事就给她起了这个外号。后来她瘦下来了，也越来越聪明干练，但是她还是她口中的那个"大胖傻"，这一叫，便是 5 年。

有那么一些人，总是连名带姓呼你姓名，甚至给你起很难听的绰号，毫不客气地拿你的缺点开涮。但你往往只允许那一个人这样对你，因为熟悉，所以感到安全。

闺密之间偶尔也会矫情。"一年只矫情一次，那就是在生日的时候。"同事这样说。半夜 12 点，她会守在整点给你发第一个生日祝福；生日当天，给你操持仪式，制造生日惊喜；吹熄蜡烛后，煽情地说几句体己的祝福……就算很久没联系，聚在一起还是话题不断，就算不说话，靠坐在一起沉默也不尴尬。

陪你旅行，陪你拍照，陪你逛街，陪你吵架……让你觉得就算一辈子单身也没关系。虽然损你时口无遮拦，但会在关键时刻为你挺身而出，陪你从校服到婚纱，熬过青春年少，送你出嫁……

3

我刚毕业那年，过得很苦，在公司没少受委屈，有一回任性地背着家里辞职了，绝望不已时，便给闺密打了个电话。她听完后，只说了句："你来我这儿吧。"于是，我坐了 5 个小时的列车去深圳找她。凌晨一点，寒冬腊月里的深圳，她在火车站出口等我，冻得脸通红，但一见面她就拥着我，笑得像个孩子。

第二天我睡到日上三竿，起来时，她正在厨房给我做饭：红烧茄子，宫保鸡丁，土豆烧肉，可乐鸡翅……很用力地去弄一桌她能做出的最高水平的菜，她说平时一个人吃不上好的，刚巧款待下彼此的胃。

饭桌上，两人扯扯过去，再谈谈未来。那一趟，因为吃饱睡好，把情绪宣泄出去了，把心安顿好了，没几天人就"活"了过来。

"我累了。"

"你来吧，包吃包住。"

其实，这就是闺密。

大概每个人身边，都有那么几个好闺密好兄弟。她（他）的家里，永远为你留着沙发。

比如姑姑，她属于远嫁，每次和姑父吵架时，她就会赌气"离家出走"，然后骑着电动车去距她家 20 分钟路程的闺密家。这时候，我们总会下意识地打她闺密的电话，再一点点把她劝回来。

《我在你的世界下落不明》里有这样一句话：闺密就是这样一个人，就算全世界崩塌，她的拥抱也不会被颠覆；就算全世界取笑你，她也会与你并肩齐驱，替你打抱不平，她比爱人更爱你。

4

有些男人无法理解，为什么女人会喜欢和闺密煲数个小时的"电话粥"。为什么吃一顿自助餐，两个女人可以一直吃到打烊……那是因为，闺密是用来找回自己的。因为这个时间，它不属于工作，不属于家庭，是独立于一切之外，是让你找到你自己的，属于你自己的时间。

你在家里，必须是个妈妈，是个妻子，是个儿媳；你在外面可能是个老师，是个会计，是个医生……但只有在某些人面前，你才能说自己想说的话，轻松做回自己。

你跟她吐槽丈夫，吐槽婆婆，吐槽当妈不易，吐槽领导……你所有的苦，她都懂。她会在嬉笑间默默包容了你所有的苦，帮你倒空这些负能量，让你重新出发。她从不说一些大道理，只跟你同仇敌忾。

在美剧《破产姐妹》第三季中，有一次卡洛琳被一个叫马克的小伙子放了鸽子，看到难过的卡洛琳，苏菲二话不说，拉着奥列格就去揍马克给卡洛琳出气。在电视剧《欢乐颂》中，邱莹莹的男友应勤因为她不是处女，向她提出了分手，邱莹莹为此痛哭不已，这时好友曲筱绡风风火火地去找应勤，替邱莹莹打抱不平。

闺密是那种，只要你一个眼神，就能了解你的全部的人。这人世间，纵有万般艰难，一想到有那么一个港湾，心头还是会不自觉生出很多的温暖。

5

真正的情谊，是雪中送炭，而非锦上添花。

我在留言区里看过一个故事，女主人公遇人不淑。她在 25 岁时放弃了自己喜欢的工作，跟着丈夫一起起早贪黑，打理小本生意。后来生意渐有起色，刚好孩子出生她就在家当了全职妈妈。可是偶然间，她发现丈夫因为赌博欠了巨额外债，并且已经在外出轨三年之久。当她和丈夫摊牌时，对方却反过来指责她是寄生虫。想到身边举目无亲，她想过妥协，想过逃避，想过沉默……但是，这时候她的闺密不愿意了，她痛骂她，骂完后千里迢迢冲来找她，陪着她熬过离婚的那段日子；她规劝她，人生再难，也总比栽在坏人身上强；她鼓励她，你这一生，从不欠别人一场婚姻，也不欠任何人一个孩子，你只欠自己一个幸福的模样；她心疼她，拿出自己的积蓄帮她还掉了一部分债务，陪着她创业做生意，让生活一点点步入正轨……

金星曾说："真闺密，假闺密，不在于多亲密。只有在你最低谷的时候，才能看到人心。当你好的时候，她远远地静静地看着你，绝不往你身上贴；当你落魄的时候，她二话不说，雪中送炭，拔刀相助。如果说兄弟间的情谊是坚韧的岩石的话，那闺密的情感就是潺潺的流水，它柔弱但坚韧，它细小却无微不至。"

6

在网上看到这样一段话：

18 岁，我们刚刚认识。

19 岁，我们是闺密。

25 岁，我是你的伴娘。

27 岁，我是你孩子的干妈。

33 岁，我孩子上小学，你给我打电话，告诉我你去接咱儿子闺女了，让我和我老公晚上去你家吃饭。

35 岁，我们把两个孩子送去各自奶奶家。然后去喝酒唱歌，醉了，像 20 岁那样，躺在一起，说着一些贴心的话。

从陌生到熟悉，从臭味相投到形影不离，闺密是没有血缘关系的亲人，陪着我们走过了漫长的孤单旅程。

年岁渐长，见过的人性越复杂，看透的人心更多，对于留在身边的人就更坚定：我们要一直好下去，乃至到了白发苍苍，也要相互搀扶着，做彼此的拐杖。

亲爱的朋友，这一生，生活确实很苦，但感谢有你。

真正的善良，是照顾好别人的自尊心

1

在下班回家的路上，我目睹了一个年轻人在天桥上欺负一对老夫妇。那对老夫妇一个拿着二胡，一个拿着笛子，在人来人往的天桥上靠卖艺为生。他们二人衣衫褴褛，一个人腿脚有残疾，另一个看起来有眼疾，这种画面看着实在让人心生同情，于是路人走过时都会纷纷掏出零钱来。可就在老夫妇下楼梯时，因为顾着演奏乐器又不断地鞠躬道谢，丈夫没注意脚下楼梯，一个趔趄撞到一个小伙子身上，这时那个年轻人立马大吼了起来，当老人家意识到撞到别人时便连连道歉。

一开始那个年轻人不依不饶的，不仅满嘴的粗话，甚至还要求老人家把他的鞋擦干净并索赔 100 块，还扬言要去城管那里告他们。但在这时，人群中有人围观过来了，那个年轻人立马态度就变了，立马换了副嘴脸。他扬扬手把老人家给的 100 元零钱高高举起，然后把老人家撞他的经过夸张地赘述了一遍，最后用一种极为虚伪的语气说："我这人比较宽容善良，就不和你们计较了！"然后还对着众人追加表述了一大堆自己如何大度如何宽容，不爱与人计较这类的话。

那个年轻人觉得自己高高在上很是得意，眉目间净是沾沾自喜的神色。

我还看到他给他的小伙伴使眼色让伙伴把他"善待乞丐，宽以待人"的"善举"拍下来，估计他晚上回去是要做文章的，比如发到朋友圈或者其他平台。我曾以为这么野蛮的行为只有影视剧里才有，没想到现实中还真有这样的人。

有的人喜欢欺负弱小，习惯在弱小者身上释放自己所有的霸道和野蛮，并且从中找到存在感。但这种行为实在很低级，因为在弱者身上，你施展的强大只会让你看起来更可悲。

2

我从不怀疑这世界有真善美的存在。而一个人的善良，除了体现在对待弱者上面，也体现在是否会照顾好每一个人的自尊心上。

在我很小的时候，有一天我们一家人在吃午饭，有个和尚化缘敲了我家的门，这个人穿着棕色的外袍，手里捧着一个钵，看样子走了很多路。

我的父亲让他和我们坐在一起吃饭，其间大抵说了些"菜色简单，你别介意""随意享用，不要拘谨"之类的话，吃饭的时候为了避免他尴尬，我父亲就把带荤腥的食物都收了起来，饭后那位师傅很真诚地表达了谢意。他离开后，我父亲对我说："要学会换位思考，懂得保护好别人的自尊心。"这是我童年里印象最深的画面之一。

当我上大学后，记得有一次我们班级在做评选助学金的工作，在一次班干部会议上，大家顺利达成一致：直接跳过公开演讲的环节。因为公开演讲的话那些参与评选的同学就需要上台对所有人讲明自己的困境，这无疑会让青春年少的小伙伴们感到难堪。

大家都能理解别人贫穷的无力感，懂得体贴同学小小的自尊心，那个时候我的内心为之动容。

在看电影《放牛班的春天》时，印象很深刻的是马修在面对那群生活在"水池底部"的问题儿童时，他不会随便体罚学生，哪怕学生们真的让他很生气。相反，他会在不同场合维护着孩子们。即使要惩罚学生，他也会采用不同的方式，就好像他让乐格克去照顾麦神父而不是将他送到校长室去接受体罚一样，所以当我们看到乐格克因自己的错误做法而流泪时，我们也就感到了马修老师这样做的真正目的，他无形中拯救了很多孩子。

这部电影其实告诉了我们很多东西，只有尊重才能让人与人之间平等，理解与宽容才能让人与人之间产生交流与共鸣，还有爱。

当你拥有了一颗同理心，能利用自己的理解与宽容，守护好别人的自尊时，这才是善。而在这个过程中，你所表现出来的关怀和尊重，不应该是喧闹的，而应该是像深水一般沉稳的。

3

虚伪的善从来都是用很大的动静先感动自己。就像那个要求受助者跪着接受捐款，像开记者会一般每次捐助都要召集各大媒体，然后让受捐者流着泪面对镜头阐述自己命运的坎坷及接受捐赠的过程，为他涕泗横流地大唱颂歌的商人。

对于一个三观端正，品行端正的人来说，适时地施以力所能及的援手从来都是不求回报的下意识的选择。现在我们的很多行为和我们的出发点是脱离的。很多人做好事仅仅是因为人云亦云，是为了体验生活，更有的人只是为了追求它背后所附加的奖励，如果善的行为的目的仅仅是为了表现道德感，那么它的意义就更贴近于表演而非善本身，那么它就是不纯粹的。

曾经看过一篇博文，忘了作者是谁，它提出三隐秘，即"隐秘自己之功德，隐秘他人之过失，隐秘未来之计划"。希望在做好事的时候，可以把照顾别人的自尊作为一种本能。

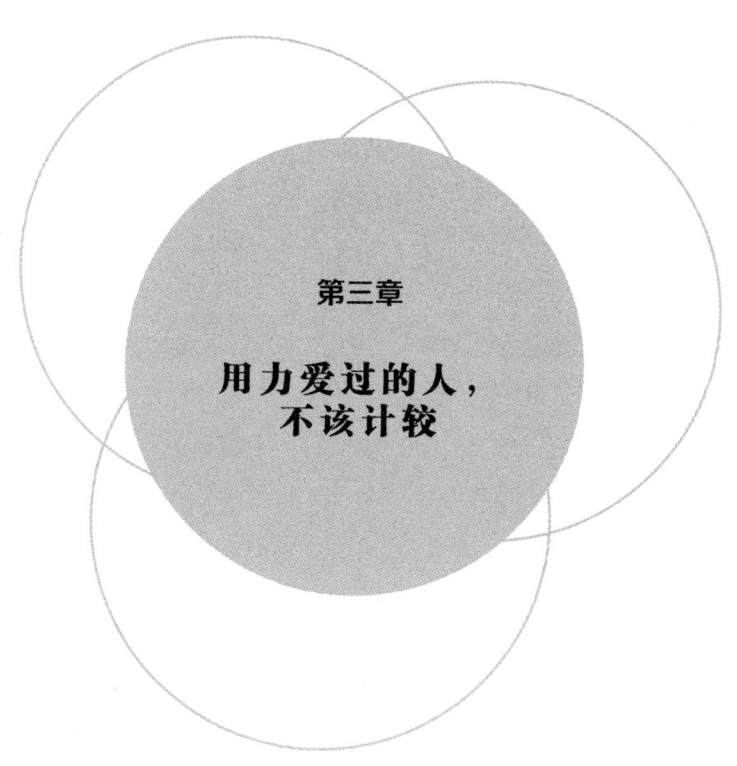

第三章

**用力爱过的人，
不该计较**

爱自己，比爱别人更重要

1

爱而不得，是人生的常态。几乎每个人心里，都藏着一个爱而不得的人。

我和老朋友聚会时，虽然都一把年纪了，但大家都格外热衷于玩真心话大冒险。兴许是因为那些藏在阴暗角落里，封存得发了霉的苦涩心事，终于能找个台阶，找几个听众，把它们自然而然地倒出来了。

有个男同学谈到初恋。他用了四年的时间去追一个女生。我也清晰地记得，那时候和大家出去玩时，他总会心心念念地给那个姑娘带各种小礼物。但他一直努力了四年，她始终没有点头。时过境迁，6 年过去了他依然无法释怀那种遗憾。

他一说完，另一个朋友就感慨万千。她说之前为了一个男人，不听家人的劝阻，漂洋过海去找他。纵然他一贫如洗她也毫不畏惧，做好了要和他一生荣辱与共的决定。但是那个人最后还是对她说对不起。她为此颓靡了很久，宿醉、失眠、抑郁……花了很长时间才走出来。

很多时候你喜欢一个人，就像喜欢一片海。你在岸边远远看着它，你努力奔跑、咆哮、哭泣……但你再用力挥舞胳膊，对于它来说还是太渺小了。你的眼泪滴进海里，也惊不起任何海浪波涛。爱而不得就是如此。

爱而不得，是成长必修课。于是我们，为了这一点情爱，哭天抢地。

你一定也有过这样的经历：你喜欢上了商店的橱窗里你一看标签，就知道是不属于你的商品。大多数人心心念念地走开了，虽然会无数次回头观望，但还是会逼自己朝前走，直到遇到自己买得起的。

但也有很多人偏不认理。他们会站在那个买不起的商品面前，扒着橱窗眼馋地看。可是，越得不到越渴望，越渴望就越痛苦，结果一次次被自己的执念所伤。就像我那个至今无法释怀初恋的男同学，以及那个曾因爱而不得而沉溺悲伤的女同学。

我突然想起我小时候，有一天晚上和妈妈从厦门渡口散步回家，经过一家书店时，看到一套我渴望了很久的书。于是我任性地站着不走了，扯着我妈的衣角要买。我妈看了下价格有点犹豫，然后说有点贵改天说吧。于是我便咬着嘴唇站在人来人往的橱窗前，开始掉眼泪。

她当时很生气，教训了我很多。依稀记得有一句是：喜欢的东西不一定要占有，你可以努力去得到它，但如果不属于你，千万不要让自己哭得太丑。

道理放在爱里是一样的。我们很努力地去争抢，去发泄，去占有，去用自己的喜欢绑架别人，到头来发现，不是你的，终究不是你的，把自己搞得很狼狈反而不值当。

成人的世界，是要去习惯爱而不得的。比如看到很豪华的车，但是买不起；比如想住很大的房子，但是住不起；比如看上很华丽的珠宝，但是它很贵；比如喜欢一个人，但他不喜欢你。

2

爱而不得，让你遇见更好的自己。

就像我出来工作后，遇到的舍友，她就活得很通透。或许是因为兜兜转转遇到过不少人，所以对爱情也就有了更多的释然。有一天我就和她聊到这个话题："当碰到你喜欢但不喜欢你的人，怎么办？"她轻轻地笑了："有喜欢的就去努力靠近啊。"

她的确是这样做的。前几年喜欢上一个人，为了能够离他近一些，过惯了安逸日子的她，壮士断腕般辞掉了"铁饭碗"，开始奋发图强报名去国外进修，回来后进军对方所在的职业领域，只为了能和他并肩站在一起，有共同语言。

那几乎是她生命的转折点，用了五年时间，从一个名不见经传的小镇姑娘，一路飞奔，收获肯定，成为业内精英。

虽然后来他俩还是没能走到一起，但是"喜欢一个人"真的可以变成一个人进步的动力。

他因为不爱你而表现的高冷和骄傲，刺痛了你敏感的神经，让你萌生出强烈的自卑，但也逼着你去追求更好的自己。即便最后没能在一起，但你在努力去靠近时，慢慢收获了一个更为丰盛的自己。

然后，她停顿了几秒，补充道："就算爱而不得，那也是一个成年人该承受的。"

人的勇敢其实有很多种。敢去爱是一种，能承认、承受别人不爱你，这也是一种勇敢。走得越远，看得越多，人越成熟，就越能勇敢接受生命里有些事就是勉强不得的现实。

3

爱自己，比爱别人更重要。

所以，如果你喜欢的人不喜欢你，千万要告诉自己，这是再正常不过的事了。不仅仅是他，你还会遇到下一个，下下一个，下下下一个不喜欢你的人。我们可以难过哭泣，但无须过度失落。

　　握不住的沙，干脆扬了它。如果你此刻心里有一个爱而不得的人，你尽力了，但他还是无法喜欢你……那么，你现在紧急需要的是：充实的生活、温暖的阳光、翻滚的火锅、几首悠扬的曲子、几本挚爱的书、怀里打呼噜的猫……而不是，牵肠挂肚的单恋和一个爱而不得的人。

　　对于喜欢，尽力就好。因为，无论何时何地，爱自己，比爱别人更重要。

岁月不仅有眼前的苟且，还有前任的喜帖

1

喝过最烈的酒，吹过午夜的风，却唯独听不得一首叫《后来》的歌。如果说成长中的每个人心里或多或少都有伤疤，有很多人最疼的疤，大抵就是至今尚提不得的"前任"这个词……

国庆假期，我参加了一场婚礼。现场拥挤嘈杂，宴席开始时我和新郎新娘的高中同学坐一桌。在座的有人指着其中一个扎着马尾的女生告诉我，那个是新郎的初恋。我诧异不已，但细看姑娘的表情，她淡定得就像吃一场寻常的喜宴，和周遭合时宜地嬉笑，或许这场宴席对她来说，真的仅仅只是再寻常不过的一顿喜宴。回来的时候我搭了她的顺风车，所以也就顺便打开了话匣子，我问她内心是真的毫无波澜，毫无半点感慨吗？

她笑了，思忖一会儿叹了口气，说了一句无关痛痒的

话："时光飞快啊！"说完之后旁边人都笑了，气氛一下子
变得很轻松，他们说大家都已经结了婚，年轻时候的事谁
还当回事，又说起了中学那会儿，新郎官还是个青涩少年
时是如何羞涩地向这个曾令他怦然心动的女孩表白的，回
忆起来搞笑又温暖。不是所有的前任都是伤疤，又或者说
岁月真的可以治愈一切。

　　我闺密要结婚时，在思考发喜帖的名单，我随口问她：
"包括前任吗？"她回答说："当然，当然要邀请他啦，我
们从小一块长大，做不成情侣，为什么不做朋友？"同样
的，那个男生结婚时在朋友圈晒了结婚证，闺密也大方地
给了祝福。也只有真的毫无留恋了才能做到这样的无所谓
吧，才能真的做到"醉笑陪公三万场，不用诉离觞"的洒
脱吧。

2

　　可对于有些人来说，月光再亮，终究冰凉。时间再久，
所爱成殇。

　　网友夏末在前男友婚礼前的一个月，收到了对方寄来
的婚礼请柬。她在一个月之内疯狂减肥，提前买了特别好
看的裙子，做了特别好看的头发，在熬过几个失眠的夜晚
之后，去了前男友婚礼的现场。

　　她给自己做了无数的心理建设，可在看到前男友挽着

新娘子朝大家笑着走来的那一瞬间，失去了全部力气。她说："我知道一切都会过去的，我只是很遗憾，在他身边穿着婚纱的人，不是我。"

就像电影《前任攻略3》里孟云感叹的那样：再深的感情也抵挡不住缘分的交错。那个说过会一生守护你的人，最终还是牵起了别人的手，一想到对方会从你的生命中渐渐地淡去，心中确实会有一种撕裂般痛的感觉。

我之前还在微博上看到有个小伙子在前女友结婚当天，追在前女友的婚车后面，一个人泣不成声的视频。可即便再爱，失去后，你我终究也没有抢亲的勇气，所以只能独自在那份失去的痛苦中宿醉。坠入爱河的人都是懦弱的，而最怕的是你太长情，将毕生的热忱都给了一人，自此一生即便身有归处，但心无所依。

3

其实，在关于前任的话题上，因为太过年轻太过孤独，所以我们总是无法淡定。然而对于很多已走进人生婚姻，迈过而立之年的人来说，人生在被现实锤炼后，前任于他们的意义是不断淡化淡化再淡化的，所以他们往往会告诉你：其实啊，遗憾错过什么的是再正常不过的了。毕竟《那些年我们一起追过的女孩》里沈佳宜嫁的人不是柯景腾，《前任攻略》里罗茜喜欢了孟云十四年可她最后嫁的也不是他，《同桌的你》里小栀说我愿意时，旁边的人也不是林一……

看到有人在网上写了他对前任的看法：有人问我，分手了这么久还记得你的前任吗？怎么说呢？记得显得太花心；不记得，显得太薄情。其实我觉得，那个人就好比我走路撞上了一根电线杆，很痛，以后我走路都会绕着电线杆走，可能很久以后，我都不记得当时撞得有多痛了，可是那根电线杆永远都在。很多人闯进你的生活，只是为了给你上一课，然后转身离开。如果有一天，让你心动的再也感动不了你，让你愤怒的再也激怒不了你，让你悲伤的再也不能让你流泪，你便知道这时光、这生活给了你什么，你为了成长，付出了什么。忘却和原谅，成长从来都强求不了，要慢慢来。

直到有一天，你去参加前任的婚礼，当你真的觉得已经时过境迁了，有更多的光亮照进了你的生命，你无暇再去沉湎过去了，你真的就会淡然了，而到那个时候，收到请帖的你更关心的是，份子钱能不能少给点，菜能不能吃好点……此类更为庸俗的问题。就像我们回去时车上的那个姑娘，参加完前任的婚礼，开车回去都快到家了，她还在嘟囔："今天席上的第三道菜，那个鱼肉真不新鲜啊……"

错的人，只适合天各一方

1

夏天时同学聚会，我一进门就碰见了桃子，她冲我腼腆地笑了笑，我在她身边坐下和她说话。我们好多年没见了，她没什么大的变化，只是更瘦了。

桃子现在孑然一身，我记得她 20 岁那年曾深深地爱过一个男孩。那个男孩是我们班同学的一个朋友，他有修长的腿，修长的手指头和白白的皮肤，安静时就坐在角落里淡漠地把玩手机，偶尔也会跟大家毫不客气地嬉笑怒骂。

他们相识在一场朋友聚会上，男孩抬头时看见了桃子，觉得她眉眼间的羞涩甚是可爱，然后在做游戏时顺水推舟地加了彼此的 QQ，群里聊天的时候偶尔互动，在周遭人的起哄下两个人的心底都掀起了微微的波澜。那个年代大多人用的还是按键机，她会在半夜躲在被窝里和那个男孩聊天，不知疲倦。

　　时间久了他们就成了男女朋友。那是多甜蜜的一段时光啊，他们在夜晚一遍又一遍地牵手走在操场和马路上，对着星星月亮说一些矫情却又温暖的话，青春的荷尔蒙到处肆虐，他们也曾认定彼此要牵手到地老天荒。

　　但是，桃子爸妈见了男生之后，认为他很不靠谱，强烈反对他们在一起，为此桃子和家里吵了一架。传言后来他们两个人私奔了，但是大约一个月后桃子又回来了，然后两个人就分手了，谁也不知道这中间究竟发生了什么，只是此后桃子在那个小乡镇很难抬起头来，村子里都在传桃子不检点。桃子也从不解释什么，只是看着总有那么点哀怨，让人难以接近。

2

　　大伙散了后，桃子领我去她家喝茶。

　　我进门时看到她的母亲在收拾屋子，兴许是感觉桃子太久没有带外人来了，她竟有些惊喜地招呼我，眼睛里都是藏不住的开心，转身出门的时候怯怯地对我说："帮她相个合适的啊。"我点头示意答应了。

　　我忘了我是怎么把话题引到那里的，问到他们当年为什么分开，她说当年发现他不忠所以分开了。原来他们当时因为家里阻拦，赌气来到一个小镇上旅游，他们住在一条小溪边的一个小旅店里，清晨一起听水，夜里和小镇上的人们一起闹腾，把酒言欢。

有一天他们在景点遇到一群驴友（对户外运动、自助自主旅行爱好者的称呼），聊得欢乐就约好当晚一起参加一场篝火晚会，人群中有一个穿着运动服的马尾姑娘。那晚大家聊得很有兴致，唱歌跳舞喝酒耍赖，欢声一片，桃子中途上了个厕所后发现男朋友不见了，电话打不通后开始四处寻找。结果在一个酒吧里，在暧昧的灯光下，她看到他伸手挑那个马尾姑娘的头发笑得很轻佻。她当时内心崩溃又复杂，然后不由分说冲上去就是两巴掌……接着他们撕扯着离开酒吧，就在异乡的街头在无数情人相拥合影的那个街角，冒着朦胧细雨在半夜吵得一身狼狈。

接下来就是毫无意义却又漫长的冷战，所剩盘缠也不多了，这种窘迫受得格外没意义。在彼此折磨了一个月后，桃子提了分手。男生有略微表示过挽回，但后来也就默许了。

3

我当年听到的故事也只到这儿，好像这么多年就这样过来了。

"那后来呢？"我问。

"我终究是爱他的，后来我回头找过他，但他很坚决地说我们不可能了。"桃子叹了口气。在那之后桃子有一次又坐了一天的火车去找他，打电话时他说他人出去了，桃子就在他学校的门口等了一下午，天快黑了也没等到，在回去的车上桃子一个人止不住泪流满面。

有一天晚上她喝醉了，然后给他打电话威胁他，和他说如果他不来今晚她就要和别的男生彻夜不归，又哭又闹的。

"好像我现在真的在别人心中就是那种不知分寸的人，纠缠不清像个疯子一样。"桃子自嘲道，笑得很大声，末了却无比哀怨地说，"但就算这样，他也不出现了。"

"那一年的冬天我们已经分手了，有一天，怕他冻着就匿名买了一堆衣物寄放在校门口保卫室。送东西还像做贼一样，怕他知道是我又希望他知道是我，当时真的好傻好傻。我最难过的时候，整夜整夜地流泪，然后把以前的照片一张张撕碎……"她笑嘻嘻地向我揭露着她还未结痂的"伤疤"。她将一切记得这般清楚，讲的时候又爱又恨有悲有喜。她一口气说了好多，女人在年少的情伤这点事上，总是有很多话可说。

4

女人把一个人爱到骨子里是什么感觉？大概就是把自己忘了。而失恋更是一剂很容易让人迷失的猛药。别人总会觉得它单薄得不值一提，但你仿佛感觉自己青春里的生命几近被掏空。

"你还是在等他吗?"我问。

"不了,但不会再那么去爱一个人了,哪怕从一开始就知道他错得很离谱。"

在女人的心里,最爱的那个人即使有千般不好,万般辜负,就是厌恶不起来。我放不下你,但是我知道我们不可能再走到一起了,所以我们做一次正式的告别,然后清空所有的怨恨和不甘心以及所有的相思和悲哀,就此别过。

别人会笑你傻,说你痴,觉得你放不下的原因仅仅是不甘心,觉得你何苦作践自己。但很多时候爱了就是爱了,你就是想见他,想爱他,想拥有他,想陪伴着他,然后再在爱而不得里经历一场漫长的情绪斗争。赢了从头再来,输了也要从头再来。等着回忆的次数多了,味道就会慢慢淡了,其中情深的人花的时间可能会长一点。

今年冬天,我听说桃子准备嫁人了,她穿婚纱的样子一定很可爱,新郎也很帅,一切甚好。

面无表情，不见得内心毫无波澜

1

在我写这篇文章之前，我不知道有多少人和我有一样的观点，认为男生面对感情挫折会更洒脱。让我重新去审视这个问题的原因是我的好朋友阿泽最近分了手。他告诉我的时候，已经离分手的时间过去了 3 个月。这期间我们联系过，只是我不曾问过他的感情生活，他也就一直没主动提。于是我们有了接下来的这段对话。

"你好像一点也不难过。"

"难过啊。"

"真的吗？"

"不然呢？"

"你偷偷哭过吗？"

"没有。"

"额，你真的爱过吗？"

"嗯。"

男人有时候真的挺不可思议的，好像再大的情绪，最后表现出来的都是言简意赅的几句话，顶多再多点淡淡的沮丧。

2

我后来相信阿泽是真的很难过的。

我们一起去大排档的时候，他一坐下先点了一打啤酒。等菜的间隙，抽了根烟，对着我沉默了很久很久。我忽然想起以前阿泽吃饭的时候习惯先点肉，很婆妈很唠叨，见了我热衷于一遍遍地数落我。但因为今天我提了他的前女友，他竟然只顾着沉默，不怎么想理我。喝了几杯酒话多起来的时候，他的词汇量真的很差，反反复复、絮絮叨叨，每句话后面都加一声叹息。但我是真的从没见阿泽如此颓废。

突然想起韩剧《来自星星的你》里面有个片段：当都敏俊因为留在地球上的时间不多了，很努力地想要阻止他和女主角之间感情的发展，于是提了分手。女主角经历了痛哭，愤怒这些激烈的情感后慢慢自愈，而男主角的情绪则一直是淡漠的，直到有一天他喝醉了……和女人失恋后喜欢絮絮叨叨地倾诉不同，男人的难过一般表现出来的是失落。分手之后，男人感觉更为孤独、抑郁、没人爱、不自由。他们最难接受的是女人再也不爱他了，她真的走了。而且，男人最苦恼的是发现自己竟然对此无能为力，他们总是用幻想来折磨自己，比如："如果我没说错某句话、没做错某件事该多好啊……"

据说，一场轰轰烈烈的恋情结束后，试图自杀的男人是女人的三倍。"作为一个男生，分手后其实我很难过。"阿泽喝酒的时候突然说。

3

在"男人分手后会难过吗？"这个话题下，我翻到了这样的回答。

"不想说出来，也不想前行，夜深人静的时候想，喧闹的时候想，世界变灰了，生活单调了，会持续很久，也或许心里有个地方就一直这样……"

"原本以为提出分手后能得到心理解放，可是后来发现心里是那么难受心痛，脑子里闪过的全是在一起时点点滴滴那些美好的回忆，伤心难过得一个人躲在洗手间大哭。"

"我伤心的时候会流泪，会使劲地哭，会发呆，会做不好任何事，会不想吃饭，不想睡觉，不想说话。准确地说，以上是我失恋以后的表现，难过到极点的表现。"

……

男人难过到极点的特征就是"不想说话"而已！

我们常常拿自己的狭隘当真理，总会认为分手后的男人绝情，不然怎么都跟没事人一般。也会觉得在感情破裂这件事上，男人理应恢复的周期更短些。然而很多男生，对于自己的难过真的只是不知道怎么去倾诉。天生还有点"作为一个男人"的性别包袱，实在不好意思表现得过于哭哭啼啼。

就像那个晚上要分开的时候，阿泽还不忘给我提了个要求："明天起来，可不可以不要笑话我今晚这么落魄啊？"原来，失恋这事儿跟性别基本没关系，只要是真心爱过的大家都一样难过，不分男女！

你考研失败，所以我们分手吧

1

考研初试成绩刚刚公布，大家坐下闲聊时不免相互询问周边朋友的情况。我的一个大学同学在中科院读研，他说他同门师兄的女朋友今年考研没发挥好，师兄就在考虑要和她分手。我十分愕然，问道："这二者有什么必然的联系吗？""有啊。"他用表情反驳我，表示这个理由理所当然，这样仿佛反倒是我的疑问有点幼稚了。他说那位师兄自诩是较为理性的人，也是经过重重考虑才做出这个决定的。

"第一，考不上自然意味着3年的异地恋。异地恋那么久，难免节外生枝，还不如将悲剧提早扼杀在摇篮里。"那位师兄这样说。

那位师兄和他的女友是大学校友，他长女友一届。毕业后男生顺利地考上了研究生，毕业的时候，面对依依不舍的女友，师兄深情款款又信誓旦旦地许诺说等她考来北京就一起比翼双飞。半年过去了，其间隔着距离有过争吵，孤独也是在所难免的，但是女友的确也在很努力地学习，希望能早日考上奔向他。可惜如今没考上，面临发展的选择，女生很可能会留在家乡，那位师兄说异地恋太苦了，就萌生了另觅他人的想法。

"第二，你考不上研说明你实力差，你就配不上我。"按当事人男主人公的说法，我好歹是国内一流大学的研究生，光宗耀祖，衣锦还乡的日子指日可待，而你是二流乃至三流大学的小本科，未来发展你肯定和我差距很大，门不当户不对，将来肯定难以举案齐眉啊，毕竟是你高攀了我。

"第三，你学历不够高，不利于下一代的教育。"那个师兄还指出，一个优秀的母亲必然是受过良好教育的，因为高学识能更好地为下一代提供资源。在他心里，女友已经比不上而今身边的女同学了，他甚至觉得将来身为自己孩子的母亲，没有一个高学历会毁了他的强大基因，对后代的发展无所裨益。

"第四，学历不同找不到共同语言。"的确一般的姑娘是不能跟他天天谈论天文地理、生物分子的，而女友没考上研究生选择参与工作，在他看来思想也会因此变得肤浅，两人的距离会愈行愈远。

反正，什么海誓山盟什么甜蜜过往，那数年的爱情终究抵不上一纸文凭在他心中的分量。

2

我终究还是没忍住，嗤之一笑。

首先考研不是实力的唯一证明，他罗列的理由里散发出来的傲慢的优越感让人心生厌恶；其次共同语言也并非完全建立在读不读研上；再次，他完全否定了另一个没读研的群体的情商和智商，拥有一套学历高才能教育出优秀后代的荒谬逻辑；最后一点，他其实就是难以忍受寂寞，想分手，何必找这么多冠冕堂皇的借口。但是再多的借口在"不爱"的面前都容易有破绽，更立不住脚。

我有个叔公，是解放战争时期的重点高校国防生，现在已是高龄，退休在家，一双儿女也很出色。假期我上他家拜访，婆婆很安静和蔼，特别爱干净，家里家外打扫得一尘不染，两个老人家相处得很融洽。

晚饭后闲聊，叔公甚是得意地夸婆婆贤惠，婆婆边收拾边羞涩地对客人摆手。

第二天大清早恰逢她要去上香，于是热情地挽着我的胳膊邀请我一起去。路上我问她："你们能在一起，婆婆也一定是哪所重点名校毕业的才女吧？"她呵呵地笑了，说："我大字不识几个，当年刚来武汉的时候连普通话都不会说，公交车牌到现在都看不太懂。"是不是很难以置信？可这的确不妨碍他们一起生活数十年，养育一双儿女，子孙绕膝。她也感叹岁月不饶人，一晃便双双白头，但是脸上有掩不住的惬意和幸福。

这个和他看起来也许根本不配的妇女，她不懂得数学英语，更不懂得怎么带兵打仗，她就这么朴实善良地爱着他，将一辈子的心血花在了家庭上，最终执子之手与子偕老。

3

如果硬是要门当户对，影视剧也难以演下去，哪一部吸引观众的影视剧不是在门第、身份、能力之隔里相爱相杀，都在为最后爱情胜利，然后白头偕老做铺垫。因为人类默认了，在爱的面前人们无所畏惧。不管是《三生三世十里桃花》里卑微的小巴蛇少辛和那个潇洒的东海二皇子、凡人素素和冷酷的天庭太子，还是更离谱的人鱼恋、人与外星人恋，他们突破艰难险阻只是为了阐述一个真理：真爱让我们无所畏惧。不畏异地分隔，不畏棒打鸳鸯的强势爹娘，不畏天差地别的悬殊地位，不畏顽固不化的纲常礼教。而且，你爱了之后是无能为力的，是控制不了自己的。真理大概就是《大话西游》里，至尊宝和菩提的那段对话。

"我为什么会爱上一个我讨厌的人？"

"爱一个人需要理由吗？"

"不需要吗？"

"需要吗？"

……

不需要。

爱情有时候就是在试探人类的极限，那是想抗拒、想压抑、想极力抵制却仍然无能为力的恐怖力量。

4

那个师兄选择在女孩考研失败的时候和她分手并列出了诸多理由，这种行为实在让人不吐不快。而那个因为考不上研就要被分手的女孩，我觉得他们其实分了更好。她完全可以回那个伪君子这样一段话：你寻你的海阔天空，我觅我的庸庸前途。我并无意一生纠缠害你难堪，更不想一生被人看低徒增不痛快。我也真心爱你，打心眼里觉得你前途无忧，不想降低你的人生水准，而我也需要一个观念相合的人同我一起追求远方。所以，就此一别两宽，各生欢喜吧。

因为爱你，所以慈悲

1

如果可以，我多想和你每日一起起床刷牙买早餐，一起逛超市买菜吃饭，一起出门遛狗散步去海边，那时候阳光和你都在，多么的美好，我多想和你一起把这一生都囿于厨房和爱啊。

可惜人最多情也最无情。爱的时候海誓山盟，许下天荒地老；厌的时候恨不能立刻从生命中抽离，一刀两断再无瓜葛。

既然这样，我更爱你我认输，所以我成全你吧。

2

成全是我的善良。

清晨朋友说起了她的失恋故事。她嘻嘻笑笑地说着他们的过往，说他们分开的原因，说她卑微的付出和努力，心情坦然而活泼。

我听后却笑不出来，因为其实里面充满了她男友的逃避和背叛。男生因为寂寞选择和她在一起，在一起半年后出轨了，被她当场抓到，场面实在是很不堪。但最后她选择淡淡地自动退出，没有声嘶力竭也没有卑微祈求，只是有仪式感地让两个人正式面对面彼此告别。

这个世界就是有这么多的不可理喻，但这不能成为我们愤世嫉俗的借口。她遭受了这么大的伤害却没有怨言。她这种人就是有这种好处，能自动过滤生命的悲情，留下一堆快乐的渣。

我听说，人在寂寞时容易渴求所谓的温柔港湾。就好比一艘船，在风浪起时，或不假思索或顺其自然或别无选择或有意无意地暂停在最近的港，但天晴了又执意要离开。所以我一直觉得，对于每个年轻的男女，如果不爱，能做到寂寞的时候不去撩拨那颗对你躁动的心是最基本的善良。拿你的寂寞来消遣别人的真情，是不仁慈。而对于港湾来说，假使有一艘船不愿在你这儿久留，你就温柔成全吧。

我曾经看过一个姑娘的分手日记，字里行间不带任何悲情的字眼，反而充满了善意的成全和母性的温暖，生生逼出我这俗人廉价的泪水。

林青玄说：一个人和爱人分离的心情，若能把诀别的痛苦化为祝福的愿望，心中没有丝毫憎恨，留存的只有珍惜与关怀，才是懂得爱情的人。

3

不打扰是我的温柔。

大鱼和我说起他的过去，他说他感谢他的前女友。我问："感谢她什么？"他说："因为她没有纠缠，不再打扰。"我吃了一惊，倒不是答案古怪，我只是没想到这个答案会摆在"她喜欢过我"这个答案之前。

我见过那个女生，白白净净的，腼腆却很有修养。她看大鱼的眼神里是满满的柔情和爱意，满得快要溢出来的那种。我想她一定很爱他，因为很爱他，所以当他要离开了，她忍住了无数次想打电话的冲动，无数次想把他拉回身边的冲动，无数次想冲到他面前质问的冲动，无数次放声哭泣的冲动，无数次想敞开胸怀大声倾诉心痛的冲动……

还好她忍住了，要知道"为爱痴狂"这种事讲究配合，讲究一拍即合，如果是单方面的，那只能是打扰。

年轻时，好多人的深情无处寄托，会想方设法地尝试各种矫情。但在我们知道爱要表达要倾诉要努力时，却不知道爱也是克制。克制自己的情绪，克制自己的表演欲，甚至克制自己的喜欢，就像那句话说的：喜欢是放肆，爱是克制。

如果爱实在留不住了，就留给自己一点自尊吧。做不到让别人爱你，那就成全他在不爱你的路上一路走好，这是一个姑娘的莫大美德。于是我终于懂得了五月天在《温柔》里唱的：不打扰是我的温柔。

4

绝口不提是我最后的祝福。

花花是出了名的情种，她曾经对一个男生痴情到疯的地步。但是花花公子的本事之一就是即便他给了你无尽的痛苦，你还是迟迟不肯放下。每当她又陷入痛楚时，身边的人总是捶胸顿足，唯恨不能替她斩断情丝，救她于水深火热之中，她却就这么坎坎坷坷品尝辛酸一路走了过来。

她为他千里迢迢送礼物，逃课照顾生病的他，花很长时间琢磨他的喜好，不顾一切地付出。他跟她说难过，她立马如丧考妣；他说开心，她莫名喜不自胜。但有一天那个人和她的闺密走到了一起，最后竟然还对她说："和你在一起其实只是为了离你闺密近一点。"

你为他所做的一切，付出的种种，自己回想起来往往觉得像乔峰大战聚贤庄、关羽千里走单骑一样壮怀激烈，而对于对方来说，那就是一场你情我愿的爱情游戏，无法承载起你想要在上面寄托的山崩地裂的情怀。

面对扑了个空的爱情和丢失掉的友情，花花很难过。有时候就是这样，你以为自己不顾一切为爱痴狂感动天感动地，事实上它们只感动了你自己，而你傻傻的爱最后也成了笑话。但花花并不因为自己站在道德胜利的这一方就大开怨妇模式，强烈谴责她的前男友和好朋友，面对这段伤害她更多时候是三缄其口，沉默以对。

有一天我实在是心疼，抱了抱她，她却忍不住哭了，说："忍住不说不哭是因为我真的喜欢过他，也是为了给自己留一点体面和尊严。"

5

还好，人间的事往往如此，当时提起痛不欲生，几年之后也不过是一场回忆而已。

她们不是圣人，也不是比谁更能承受失去的苦痛，只是因为她们爱意太深心肠太软，所以宁愿自己承受悲伤，在深夜里失眠，也想去成全对方，让对方幸福。

这些善良的姑娘，她们真正地爱过更痛过。我祝福她们，也相信她们会像《快乐的大脚》里的芒博最后找到他的格露亚一样，会有一个明白她所有的好，愿意和她一起并肩看花开花落云卷云舒的真心爱她、心疼她、不忍伤她的人。

我的世界曾经路过一个你

1

　　朋友小湾半夜给我打了个电话，貌似心情很不好，然后陆陆续续抱怨了前任几句，挂电话之前突然告诉我："你知道吗，我在街头看到他拉着另一个姑娘的手，我跟在他们背后走了好久好久……我还是习惯他在前头走，我在后面跟。我多希望他能甩开身边的人回头看看我，但我又不希望他回头，好让我的狼狈在黑暗里可以藏身。"

　　微博上有过一个热搜：当你知道曾经的恋人喜欢上了别人，是什么感觉？评论里有人说，这种感觉就好像自己曾经住的房子被一把火烧了，自己只能眼睁睁地看着，知道再也回不去了。也有人说就好像自己最喜欢的玩具被别人拿走了，想去要回来，却发现他已经走得太远……

　　这些评论，句句扎心。

2

　　你牵了她的手，就不再是我的英雄。小孩被抢了玩具还可以哭闹，因为是大人，丢了爱情就不能闹了。于是，你随时都感觉自己的胸口像是压了一块大石头，喘不上来气。忙的时候还好，闲下来的时候，感觉心里像针扎一样，而今你只能站在他不知道的角落，看他笑着吻另一个人。从此以后，你们两人再无关系，春风十里，不问归期。那种失去的失落，有一句话特别贴切：你是我义无反顾撞过的南墙，是我黄粱一梦中的空欢喜一场，你依然是我的软肋，却不再是我的铠甲。

　　小湾絮絮叨叨地和我说了好多，她说："我有好多话要说，却也自此决定尘封一切。我一直盼望他来找我，发型凌乱，胡子拉碴，带着满身悔意敲我的门，深情地看着我。不应该是现在这样，穿着得体，英俊有礼，不急不慌地介绍挽着他的女友，不应该是这样。我常常偷偷想，他会不会半夜为她盖被子，会不会冷战一会儿跑回来找她说舍不得生气，会不会温柔地抚摸她的睡脸，会不会叫她小宝贝。我甚至羡慕那些和他在同一座城市的人，可以和他擦肩而过，乘坐同一辆地铁，走同一条路，看同一处风景，他们甚至还可能在汹涌的人潮中不小心踩了他一脚说声对不起，再听他温柔道一声没关系，他们那么幸运，而我想说的话只能从心里对他说。其实，我特别羡慕那些一沾着枕头就能安睡的人和那些决定放手之后就不再回头的人，我就做不到，憋在心里这么久了，如果伤口看得见，我是有多么的血肉模糊！"

3

对于爱你这件事，我又恨又抱歉。

她其实早知道他有新女友了。具体原因说不清楚，大抵是一种第六感吧。分手不久，她又去看那个男孩的微博，然后觉得有个女生的评论很奇怪就点了进去……女人大概这一生最强悍的侦察能力都用在了这种事情上了。

她看到那个姑娘晒了很多他们的合照。她想看又害怕，每看一张都不自觉要避开男孩的脸。她说："曾以为他生性冷淡，直到看到他现在恋爱的样子，我才明白，原来那才是他爱一个人的样子啊。想了想，反而生出了点羞愧了。我是有多不好，才会让他那么纠结，那么拘谨，爱得那么不情不愿。"失恋对一个人最大的伤害，大概就是这种将自尊摔得粉碎的感觉了。你看，连像她这般骄傲的人，也会开始无数次怀疑自己到底够不够好。那种深深的卑微感，会把你绞缠得辗转难眠。

我们在一个人身上看到过爱情最好的模样，也在这个人身上体会到了爱情最坏的结局。所以，当看着那个人身边的人不再是自己的时候，也难免会觉得心酸。毕竟，真爱过的人就一定幻想过天长地久，丢了怎么会不难过？

4

关于分开，心理学家梁朝晖说要不祝福，不诋毁，也不悔恨。对于大家都提倡的美德，其实不必有压力，谁也不是圣人，用不着装高尚。你无比确定曾经的你是真的努力过了，只是爱着爱着，你也不知道怎么走到了今天。如果有错，是因为大家都太年轻了，搞不清爱情是怎么一回事。

你说你不确定自己做不做得到，那就慢慢来，一点点开始忍耐。但生活总要有新的开始，即便心有不甘，但还好，断得彻底了，那也会变成一个新起点。他的笑脸刺痛你却也提醒你：别追了，你们就到这里了。

一切经历的对与错，时间会给你答案，而那个最适合你的人，也不过是在远方等你"历劫"归来而已。余生那么长，请记得善待自己，更勇敢地往前走吧，祝福他也放过自己。不哭。

是不是因为爱得太用力，所以没了好运气

1

有个朋友突然跑来告诉我，说她喜欢上了一个男生，于是在很长的一段时间里，她陷在恋爱的甜蜜里不能自拔。她重视他的每一句话，关注他所有的喜好，和他的一个对视都要绷紧神经。我想，也许只有爱情才能让一个姑娘活得如此小心翼翼吧。

在准备了一段时间之后，也是在朋友的鼓励下，她主动找男生表白。或许是出于寂寞，男生答应了。刚开始两人聊得很投机，但是时间不久，男生就开始变得不冷不热了，但是她以为坚持和时间可以帮她打动男生，可男生却不再经常回她的消息，面对她大片大片的文字，只是简单地回复"我在聚餐""我在做事"，甚至最后干脆失踪。直到有一天，男生给她发了信息说其实不喜欢她，现在也找到了新的人，要和她分手，还说希望以后不要再打扰他的

生活。她犹如当头棒喝。

　　陷在爱中的人惯于自欺欺人，即便知道也不愿意承认自己是不被爱的那一个。在感情里有一种喜欢最廉价，就是当你明知道那个人不喜欢你的时候，你还觍着脸低声下气地去找他。他在微信里多回你几句话你就可以开心一整天，他给你点了个赞你就以为他是在给你表白，他夸你一句你就以为他喜欢你……你总以为只要你再坚持一段时间，你就能走进那个人的心里。殊不知死不放手的后果，就是给对方一个又一个伤害自己的机会。如果有一份感情让你太累，倒不如趁早放手。

2

　　除了单恋的无疾而终，相恋的情侣也未必能够走到尽头。有可能是突然想通了又或者真的累了，不爱的理由总是比爱的理由多。就像阿泽和他的前女友，一开始爱得死去活来，立下不少山盟海誓。时间久了，还是生出很多嫌隙。

　　阿泽的女朋友在后期会找各种借口拒绝见他，比如聚餐、逛街、加班、做头发……

　　阿泽索性用各种方式逃避这种孤独和失望，他去和朋友 K 歌、加班、出差、打游戏……

　　他们离对方的生活越来越远，直到画上句号。或许这个世上真的不大可能存在完全合适的人，有的只是两个适时出现并且足够包容彼此的人。

离开是一个很长的决定，爱一个人久了即便不忍心放手，但人心总有累的时候，积累到一定的程度就会离开了。而想离开的一开始，我们都习惯了用借口来掩饰……

3

其实你都懂。他的借口里，藏着满满的"想离开"。

这时候的爱情，不放手的那一方总是姿势特别难看。像是继续演一场独角戏，没人能配合你演出。很多的爱不是没传达到，而是被视而不见。你没法叫醒一个装睡的人，更没法感动一个不爱你的人，你越是这样毫无保留委曲求全地去爱，对方越不把你当回事。

曾经看过这样一段话：我曾经不顾一切地想要靠近你，尽管你身边的荆棘扎得我满身是伤，我还是义无反顾地走向你，可你对我的不冷不热让我没了劲头。我是超级喜欢你的，但也只能到此为止了。

是啊，再喜欢我也要收手了，一个人撒谎，另一个人自欺，都活得太累。这种感情它开不出花来，那我干脆把它连同泪水一起掩埋。我以为爱情可以填满人生的遗憾，然而，制造更多遗憾的却偏偏是爱情。有时候就想，有些人不能在一起就算了，遇见就好，总比花一辈子去忘记一个人得好。我还是很喜欢你，只是没有了非要在一起的冲动。我还是很喜欢你，只是更懂得珍惜自己，没有了一开始的奋不顾身。我还是很喜欢你，只是不喜欢有谎言的爱情。我还是很喜欢你，也许这辈子也只能到这里了。所以，你有什么想做的就去做吧，比如做头发、聚餐、打游戏……包括，去爱一个新的人。

爱恨不过百年，谁稀罕谁的抱歉

1

我认识一个东北姑娘，名校毕业，和男友相恋五年，毕业后随他来到厦门。一年后，男友毫无征兆地结婚了，娶了一个初识一个月且大他十几岁的富婆。

想到最初的那些日子里她每天疲于奔命，为了高薪疯狂工作，满脸憔悴，原本想着替一无所有的男友分担一二，直到有一天男友哭着说分手，哭着求她原谅。分手后她开始追问自己：我为什么要活成这样？

后来，她辞职了，也和前任彻底断了联系，换了一份自己喜欢的工作，两年后她遇到了更好的人。有时候我们坐下来，她还是会对前任抱怨，有时候也会很刻薄，但我们都知道之前的爱恨对她都不重要了。很多人嘴上说着不原谅，也仅仅是嘴上说说罢了。其实只是有点儿难过，因为曾经真真切切地爱过、期盼过、恨过，新生活来临了，过去的事情就翻篇了，但是偶尔回想起来依然会隐隐作痛，但这种难过不好表达，说出来也就全成了抱怨。

2

小南上个月刚刚结婚，我们坐在一起聊天，大家有一搭没一搭地说着话，突然不知怎么就问起了她前男友的事，她淡淡地说："他喜欢上了别人，所以分手了。"像是在提一件别人家的日常琐事，风平浪静，面无表情。是啊，她已经结婚了，并不想要怎样。她每天素面朝天，性格温和，家里养着一只叫"呱呱"的不会说话的鹦鹉。她的朋友圈里，刚拍的婚纱照很好看，熬过了 3 年的异国恋，最后嫁给了一位耿直的理工男，照片里她笑靥如花。

那时我们都很年轻，爱得也就格外用力。曾经凡事都想争个说法，至少争得一句道歉，总是想要站在道德高地扬眉吐气，死也要死个明白。后来时光流转，发现往事其实很轻，情节幼稚又松散，到最后连说起都懒得，无非就是成为别人口中三两句的谈资而已。

3

电影《一代宗师》里，宫二对叶问说过一句话：我心里有过你，不怕说出来，喜欢人不犯法，但我也只能到喜欢为止了，我们的恩怨就像一盘棋那样留在那里。

跟人生比，恩怨就是太短。

可能我们有时候太高估爱情在人生中的分量了。就像我们办公室里的黄图哥，前段时间去了趟青岛和小女友分手了，在办公室里哭嚎了两天，之后照样该吃吃该喝喝，还是一如既往。虽然他落寞的时候会说最怕夜深人静，悲伤猝不及防，但也说了不会单身太久。

我问他是谁提的分手，他笑着说："搞笑，这年头本来就是想来就来，想走就走。"我说他是老江湖，他嘲笑我涉世未深。鬼知道到头来谁比谁憔悴。我倒是真心觉得，养成这种不问对错、不想是非、唯我独尊的享乐主义的确是自己人生的福音。

确实是这样吧。"对不起"挽回不来"大厦将倾"的枯朽，更拯救不了处境凄凉。

我们终将在时光的流转中变成美好的人，该来的来，想走的走，时光终会带来新的世界，也会盖上旧的世界。

一个人若想此生体面，也无非是要看懂那些"物是"和"人非"，安安静静送走人生中的一个个相逢和遇见。

我也曾无数次思考如果我将来的爱人遇见能引诱他连夜出逃的下家我该如何，我想，像我种人，不要道歉，也不要感谢，我只希望他诚实，以成全我最后的体面。

如果注定要错过，愿你可以原谅生活

1

　　以前在一档节目里看过，有一个女孩暗恋一个人 5 年。上节目就是为了向暗恋的人表白，但是她却从头到尾都埋着头哽咽和哭泣，大抵是想起自己这么多年来的认真和坚持，自己也忍不住心酸痛哭吧。主持人问她为什么要来，她答："我就想给我 5 年的感情一个交代。"最后那个学长出现了，也很直接地拒绝了她。听到答案她反而很冷静，毕竟是意料之内，情理之中的答案。我知道自己够不到你，我来也只是为了在大庭广众之下，让自己的脸一次丢尽，自绝后路，然后彻底死心。

　　你内心翻江倒海，你为他辗转反侧，为他宿醉，为他痛哭，但也只是一个人的独角戏。相比于幻想有一天你终于感动到他，他头也不回地奔向你，前者才是更符合现实剧情的。

2

上大学的时候，我有个朋友是个格外漂亮的好学生。隔壁系有个内向的男生喜欢她。那四年里，看得出他很努力地在追她。尽管方式很笨拙很质朴，但我相信他已经用尽全力了，只是那个女孩依然没有喜欢上他。毕业时，当我看到他临走前最后一次和她道别时转身的背影，不禁很感动，也许每个女孩的生命里都曾经有这样一个男孩，他不是前男友，不是蓝颜知己，比朋友多一些回忆，比爱情少一些心跳。但是，在很久以后，我们也许不再会回忆起轰轰烈烈地爱过谁，也不会再想起痛彻心扉地为谁哭泣过，却会永远记得那个错过的男孩站在校门口略显单薄的身影。

听歌时在评论区曾看过一个段子：今天在电影院看到一对情侣来看电影，女孩靠在男孩怀里流眼泪，她说她忘不了他，男孩轻轻帮她擦去眼泪，宠溺地摸摸她的头说那你去找他吧。电影散场，偌大的影院里男孩哭得撕心裂肺，其实成全一个人没那么伟大。关于"他不爱我"这件事，除了成全，不被爱的那个人，别无选择。

3

我喜欢了你很久很久，像风走了八千里，不问归期。
某一天我走在大街上，看到两个年轻人吵架。

那个男孩在转身走时对身后的人扬扬手说："你走吧。"

女孩崩溃大哭："可是我很爱你啊。"

"你有多爱？"

那姑娘泪眼蒙眬，眼睛肿得像两个桃子一样，涕泗横流地回答："很爱很爱。"

"但没办法，我要走了。"

人生不就是这样，所以，如果你有两情相悦的爱情，能和自己喜欢的人守在一起，那是一种无比的幸运，希望你能珍惜。而如果你的生命里注定要错过，但愿你可以原谅生活，毕竟对很多人来说这才是大概率事件。

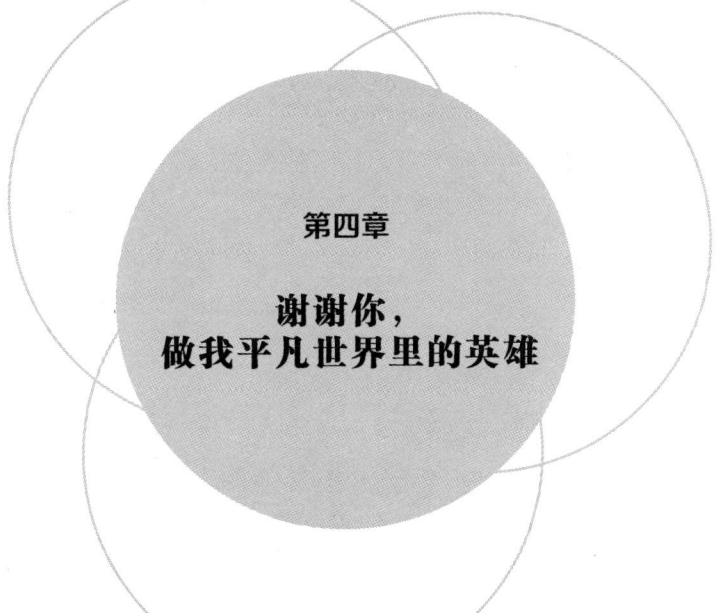

第四章

**谢谢你，
做我平凡世界里的英雄**

等一个对的人共度余生

1

这世间爱有种种，其中一种便是：遇见你之前，我以为我受得了寂寞，直到遇见了你，我才发现，从今往后，余生都要给了你。

有一天，我突然收到老同学发来的微信，打开消息只有短短的五个字：我要结婚了。的确很难以置信，那个从高中开始就一直害怕结婚的女同学，那个立志一辈子单身主义的女生，那个扬言要将一辈子奉献给事业的姑娘，居然是我们一群人中最早结婚的那一个。

"怎么就突然想结婚了呢？"我问。她的回答是："没有为什么，自从遇到他，我想不到我这辈子除了嫁给他还有什么其他更好的活法。"

如果你想要与某人共度余生，那你就会希望余生尽早开始。这让我想起了三毛和荷西的一段很经典的对话。

荷西：Echo，你等我六年，我有四年大学要念，还有两年兵役要服，六年一过，我就娶你。我的愿望是拥有一栋小小的公寓，我外出赚钱，Echo 在家煮饭给我吃，这是我人生最快乐的事。

三毛：我们都还年轻，你也才高三，怎么就想结婚了呢？

荷西：我是碰到你之后才想结婚的。

遇见你之前，我没想过结婚。遇见你之后，结婚我没想过别人。

2

或许，想结婚就是爱上一个人的样子。有人说，最高级的秀恩爱是直接结婚，我觉得确实是这样。林心如和霍建华结婚的时候，铺天盖地都是关于两个人的新闻，观众都很难接受男神竟然结婚了，即便对方也是女神。

还记得之前有一次鲁豫采访了霍建华，他说他之前其实想过这辈子不结婚的，他对结婚并无执念。"如果没有比较好的那种，我也不知道该怎么说，就是一个人也可以。"他这样说道，别人惧怕孤独，他其实对孤独很享受。而这样的话林心如也说过。但心动了的时候，就会忘了当初的决心，又或者说就是那种两个人在一起时心动的幸福感，让人突然间觉得一个人的自在变得不值一提了。

一想到我的余生不能有你就心痛到不能自已，想和你睡一个被窝，喝一碗粥，想和你坐一把椅子听同一首歌，就是想把我生命里最好最坏的、最大最细微的一切和你分享。想睁眼就能看到你油腻腻的面庞，嘲笑你胖了的样子，一次次喂胖你再一次次地嘲笑你，给你搓你够不着的背，帮你做一顿又一顿的晚餐，这大概就是婚姻生活里最本真的模样吧。遇上你的那一刻，我已经在脑海里和你过完了余生，而正是对这种幸福的渴望战胜了一切。

3

你不想结婚，也只是还没遇到那个让你想奋不顾身的人。我这个老同学要嫁的人，早前常有传言是个花花公子。他有一批又一批的前任，风评并不好，所以常常有人拉着她的手偷偷告诉她，要长点心，多考虑考虑。可是她丝毫没有动摇。也是，感情这种事如人饮水冷暖自知，他有多好，他有多坏，哪有人比她更有数。这其实就像一场豪赌，因为那种喜欢所以她愿意用自己的爱去赌另一个人的爱，并且抱着必胜的决心不留后路。

所幸，那个男生真的用行动告诉她：爱你就愿意把一生都给你，包括我的爱、我的宽容、我的忠贞。酒很好喝，夜店气氛也很热，但总有一天，你会和一个人窝在家里看电视，会系上围裙为他做美味的饭菜，会对他撒娇让他去洗碗。自此长裙当垆笑，为君洗手做羹汤。而你也忘了，你曾经是那么想一辈子一个人。

4

我们总是说要在最好的时光遇见那个对的人，可是，直到遇见他，我们才迎来了最好的时光。细水长流地被他宠坏，热热闹闹地过日子，再慢慢悠悠地一起变老。

现在的很多人，其实都会恐慌年龄，怕随着时间的流逝等不来适合的那个人，其实，与其往后一生遗憾，倒不如忍受这一份相对而言更轻松的孤独，没有遇见那个对的人的时候就再等等吧，茫茫人海，总有一个人会被你等到的。因为，无论你我都曾以为自己会孤独终老，然而事实证明，爱着的人总比单身的多。所以，想一直一个人才是比遇见爱情更难的事啊。

去爱一个让你笑的人

1

有个姑娘失恋了，在一家小店的角落里落泪买醉。老板恰巧路过，在她面前坐下，听她讲她的故事。故事末了，她抬起头来，泪眼婆娑地追问："怎样才能让他爱我？"老板温柔地笑笑，回答道："他不是那个对的人。错的人，不值得你去挽留，只适合相忘于江湖。""那，怎样判断那个人是不是对的？""当你想起他时，神情暗淡，他就是错的。想反，如果你不自觉嘴角上扬，他就是对的。"

好在，咬到舌头才知道吃东西不能太急，爱过错的人才知道有的人真的不值得，才知道余生就应该和让你笑的人在一起。

2

假期的时候，我去参加发小的婚礼。是她的父亲去车站接的我。在车上，老人家感慨地说："以前她老嚷嚷着不结婚，结果，那个人一出现，还是迫不及待地嫁了。"我把这句话转述给她的时候，她低着头羞涩地笑了。为什么是他？我心里一直有这个疑问，其实追她的人不少。

"他不是最帅的，也不是最优秀的，但他能让我笑得最开心。"她这样说。她明明是个高冷无趣的人，和他在一起后硬是活成了一个就知道傻乐的人。以前在别人面前总是端着、活得小心翼翼的她，现在也可以笑得没心没肺。

因为他的爱给了她强大的安全感，让她可以活成一个小孩子，勇敢地做回自己。就像有一个人说的："我的前前任和前任都很棒，他们一个教我做温柔的女人，一个教我做成熟的大人，但我最喜欢现任，他教我做回小孩。"

你一定也经历过错的人，他从来不会在朋友圈、QQ空间晒你，会和别的人保持暧昧关系，会长时间忽略你的感受让你在爱里活得太累以至于常常落泪。直到有一天，你遇到了另一个人，和他在一起后，因为实在太舒服太愉快，你不由得原谅了前面生活里所有的刁难。那个让你笑的人，你只想和他一起走，安度一世春秋。因为是他，所以只盼望余生快点开始。

3

"如果在你面前的那个人，让你看不到爱情的话，那就走吧，前面还有很多更好的人在等你。"这是另一个好朋友离婚的时候说的话。

从她的婚姻里，我发现，如果是两个三观截然不同的人生活在同一屋檐下，这简直就是一场折磨。当他们度过了最初的那段新鲜期后，在接下来的生活里，矛盾在一地鸡毛的琐碎中就会慢慢暴露出来。

她和她的前夫三观不合。比如，她说"人生得意须尽欢"，他说"老婆孩子热炕头最心安"；她说"家是两个人的事"，他说"就要男主外女主内"；她说"生男生女都一样"，他说"儿子才能传宗接代"……话不投机半句多，演化到后来，生活里特别小的事都能导致数天的冷战。

他们两个人冲突白热化是在她生产之后，一边是被疼痛和孩子折磨的她，另一边却是沉迷游戏的丈夫。孩子一哭闹就斥责她没照顾好，却不情愿搭把手，整日以泪洗面的她，最后心寒了，索性就彻底离开了。幸运的是，受过伤的她，遇到了现在的先生——一个疼她入骨，能让她笑的人。爱屋及乌，现在的先生也疼极了她和前夫所生的孩子。他在她最难过的日子里，安慰她陪伴她，花了好长时间才让她重拾快乐。一辈子这么短，就应该喜欢一个会让你笑的人。

4

和对的人在一起是什么感觉？是如沐春风，让你一想起来就能嘴角上扬；是心静心定，能让恐婚的你突然有了结婚的渴望，能让失眠的你从此睡得安稳；是合拍默契，是"与君初相识，犹如故人归"的感觉；是你此刻，心里想到的那个人……

你看，在《情深深雨蒙蒙》里，最后茹萍还是嫁给了杜飞，那个有点单纯带点傻气执着地爱着她的男生，在她难过时会想办法逗她笑的男生。因为和让她陷入三角恋，爱得太苦而不断流泪的何书桓相比，杜飞呵护她珍惜她，给了她更多的安全感和快乐，他才是那个适合共白头的人。

网易云音乐里，在歌曲《爱很简单》下面有条热评：找一个会帮你擦干头发，会低头给你系鞋带，会吃你吃剩下的东西，会在你"大姨妈"来的时候给你冲红糖水喝，会牵着你的手过马路，会在纪念日给你惊喜，会把你介绍给所有的朋友，会包容你的脾气，会和你认错，会让你笑的人。

去爱一个让你笑的人，让你眉梢都是笑意。让你从此不逞强不伤心，他会为你挡风遮雨，做专属于你的港湾和大地。

5

毕竟人生苦短，不要把感情浪费在不值得的事上。我们来到这个世上，应该跟最好的人、最美的事、最芬芳的花朵倾心相见，如此才不负命运一场。那些让你爱得卑微如尘埃的人，终究比不上那个黑暗中抱紧你的人、陪你彻夜聊天的人、坐车来看望你的人、为你擦眼泪的人、在医院陪你的人、带你放飞自我的人、逗你笑的人……

愿意逗你笑的人一定是爱你的人，能够逗笑你的人一定是懂你的人，所谓对的人，大概就是两者兼备的人。就像周杰伦在一首歌里唱的那样：爱情哪有那么复杂，能让你开开心心笑得嘴甜的那个人，就是对的人。

在网上看到这样一句话：好的爱情，其实最终得到的是心灵的休息，没有紧张，无须讨好，摘掉面具，两个人都能踏实做自己，而且从不担心对方不能接纳自己真实的样子，在欣欣然的放松和喜滋滋的给予中，获得犹如充电般的爱的能量——那是两颗互相懂得的心彼此找到了真正的归宿。

　　如果现在没遇到，你一定要相信，没有到不了的明天。总有人熬夜陪你，下雨接你，说爱你。不怕生活里的艰难险阻，只怕你心酸皱眉。愿相爱的人各得其所，愿流浪的人终获安稳。愿有人待你如初，疼你入骨，从此深情不被辜负。

我很忙，但对你一直有空

1

　　每个人身边都有那么几个人：深夜打扰，周末聚餐，假日出游……春夏秋冬，随时对你有空。你一定心里也有几个人：唠嗑闲聊，吐槽牢骚，喝酒解忧……即便再忙，你对他们也随叫随到。你是我相隔千里，也要跋山涉水相见的人。

　　好朋友要结婚了，想结婚前一群老朋友聚聚。那天晚上，平时忙得不着地的一群人，竟然前前后后都到齐了。有的提前请假，开了两个小时的车风尘仆仆地赶来；有的恰逢部门聚餐，不好拒绝就吃到一半偷偷跑过来；甚至，有的刚好在外地开会，会议一结束就马不停蹄地在散场前半个钟头赶到……其实也只是简单地吃了个饭，但是仅仅话话家常就足够值得人雀跃，因为是和我们最在乎的人在一起啊。

　　为了见到你的 5 分钟，奔波路上的百无聊赖，在见到的那一刻，都不足挂齿了。而那个即将结婚的朋友，嬉笑间也谈到和她先生 4 年的异地恋。她积攒了一叠火车票，是她和男朋友大学时攒下的。两人即便相隔千里，但每逢假期，他都会搭乘长达十多个小时的火车，只为了匆匆见上一面。心中若是有爱，这种付出就足以让人幸福，怕什么山高水长。

　　在新海诚的电影《秒速五厘米》里，贵树和明里相约在车站见面，于是贵树乘坐新干线千里迢迢赴约，结果列车晚点，明里在漫长的等待后，于茫茫大雪中，终于和贵树相遇。就是这样，我知道你在好远的地方啊，但车马再快，快不过和你相聚的时光；路途再远，远不过我们分别两地的距离。所以，我去见你，你来接我吧。

2

　　你是我洗澡时，也要擦干手回消息的人。

　　有人说"对方正在输入……"是最让人心安的六个字。或许手机屏幕的那头，他正在开会，正在买东西，正在做家务，甚至正在洗澡，但因为是你，所以满心欢喜。这份"把你放心上"，其实就是大家所说的安全感啊。

　　想当初年少，初遇到一个人时，就是在心头为她系了一条丝线，而线的那一头则紧紧握在对方手里，只要她一有响动，被牵动的心头，总是波涛汹涌。

我当时的舍友，有一阵子得了重感冒，原因是有天洗澡时，女朋友突然打电话过来，于是他就关了水，蹲在地上喜滋滋地听她把那些琐碎的话说完。那可是冬天里气温零下的北京，虽然冻病了，但他也是一脸幸福。晚上的时候，还会咧着嘴给对方唱《爱如潮水》，就因为她说他感冒后，声音低沉得很性感唱歌更好听。

在网易云的《爱如潮水》下有条热评：我只有一百块钱了，可是还是愿意花20块打车来见你，70块买两张电影票，6块买两瓶可乐，2块买两个棒棒糖，看完电影后送你回家，之后掏出口袋里的两个硬币自己坐公交车回家……这应该，就是很喜欢很喜欢才会有的样子吧。

你是我洗澡时也要擦手回消息的人，是我吃饭时一嘴渣也要吐掉回电话的人，是我跑步时喘着大粗气也要回语音的人……只那一瞬间，我便知道，你在我心尖的位置。而当你回我消息的时候，我也打算在你心头常驻。

3

你是我忙碌时，也要挤时间陪伴的人。

我们对自己真正在乎的东西，总是不吝时间的。

　　大学时遇到一位教授，是出了名的好丈夫好父亲，每到下班的时间，他都会关掉手机陪伴家人。

　　他说，他也曾经昼夜不分地拼命工作，有一年，遇上好机遇，但是工作调动需要去外地，会和家人分离两地，他还是毫不犹豫地答应了。那时候孩子才刚两岁，一年后回家，发现自己的孩子竟然生疏得不愿意喊他爸爸，妻子那一年里里外外操劳也很辛苦，人憔悴了不少。

　　他说，孩子的成长速度是远超乎我们想象的，和爱人的爱情也需要共同经营，有些东西，一旦错过，将来就会遗憾。

　　电影《教父》里有句话："不懂得陪伴家人的男人，不算是真男人。"人这一生，钱是赚不完的，但和家人相处享受天伦之乐的时光是转瞬即逝的。虽说，更多的时候，我们只能选择一边为生活疲于奔命，一边爱着我们爱的人。

　　就像有一次陪家人去医院，在病房里看到一个男子，膝上放着电脑，边工作边陪着病床上刚刚生产完的妻子。进来的医生调侃他是工作狂。他笑呵呵地回答："还有奶粉钱要赚不是，也不能忽略了老婆呀。"

　　平凡人之间，没什么风花雪月的你侬我侬。我们只知道，倘若真在乎，就会去相守，陪你过细水长流。

4

其实我一直很忙，但对你永远有空。

其实大家都很忙，但我们就是会把最珍贵的东西，留给我们最在乎的人，比如时间。

很多人会纠结于判断一个人是否真心爱你。答案其实无甚，唯独"有空陪你"。

网上看到一段话：

想送你回家的人，东南西北都顺路；

愿陪你吃饭的人，酸甜苦辣都爱吃；

盼着见你的人，千山万水都能赶来；

深爱着你的人，永远都会对你有空。

我很喜欢一句话："一个人，如果没空，那是因为他不想有空；一个人，如果走不开，那是因为不想走开；一个人，对你借口太多，那是因为不想在乎。"

如果有人聊天中总是着急和你说晚安，其实不是困了，只是不想对你有空。如果有人总是用工作忙做借口缺席你的生活，其实不是忙，只是你不是他生命里最重要的部分罢了。

亲情，爱情，友情，都是这个道理。你倒不如果断点放过他，也放过自己。对自己好一点，你还有你的生活，你的骄傲，你的梦想。

　　关照好自己的生活，相信终有一天，你会遇到一个对你有空的人。纵然路途中，车马急，风雨阻，他也要跨过山川河流，漂洋过海来看你。而当你见到他时，问："路上累吗？"他则会笑着答你："不累。来见你，一路坦途。"

谢谢你，愿意做我的爱人

1

在我的留言区，有个姑娘讲了个故事把我说哭了。

她说她年轻时，被爱情伤透了心，早做好了孤独一生的准备，于是孤注一掷，南下闯荡，颠沛流离了 3 年，这 3 年内她自己一个人搬了 7 次家，工作受了委屈也只能一个人偷偷抹眼泪。但是这么多年兜兜转转，终于还是遇到了那么一个人，排除万难也要和她在一起。他卖了老家的房子，陪着她在深圳安家，最后许了她一生的承诺，要护她安好。结婚的那天，当她接过主持人的话筒，原本背好了大段大段煽情的话，却在张嘴的那一刻泣不成声。他搂着她拍着她的背一遍遍地安抚，在她的耳边动情地说："谢谢你，愿意做我的爱人。"

我们穿过命运的河，看透了太多人心，见证过无数人情冷暖，无意间在某一个当下我们挑中了彼此。谢谢你的出现拯救了我的自卑、孤独和无措，感谢你挽起我的手，帮我拭去眼泪，并告诉我你爱我。

2

王姨是我远房的一个亲戚。她是去年查出得病的。年轻的时候她在村口大树下支了个面摊卖面，家里兄弟姐妹多，全家人都指望着那个面摊子，于是她早出晚归卖命地干。

直到有一天，有个媒人来说媒，她和那个男人相看了一眼就结婚了。几十年来，两个人一起经营那个面摊，把它慢慢变成了小店铺，再变成了双门面，好不容易日子好了人却垮了。

王姨和王伯的日常相处，平日里淡得像水，但在王姨被查出病后，王伯几乎片刻不离地侍候左右。在弥留之际，王姨拉着正在擦桌子的王伯的手突然说："谢谢你。"

纵然有千言万语到头来也只说得出一句谢谢。王伯当即眼泪就掉了下来，然后一转身更卖力地抹面前的那张桌子。

他们生性缄默，更多的时候是一起奔着美好生活埋头苦作，直到被榨干的那一天。谈不上什么情趣也无所谓三观，更论不着浪漫和仪式感，就是一不小心就过了一生。

但回望这一生，纵然相互嫌弃，可在无数个撑不下去

的瞬间，是那一个人陪着你一起扛了过来，硬生生地在苦
水里泡出甜味来。这大概就是寻常夫妻的模样。

3

寻常夫妻，多是热闹的。

我上高中的时候，家里住的老房子隔音效果不是很好，
深夜里，我坐在客厅的沙发上看电视，每当听到爸妈房间
里传来的窃窃私语声都会格外心安。虽然他们白天还是会
为了一点鸡毛蒜皮的小事吵架，虽然他们偶尔还会抓着我
问如果他们离婚了想跟谁，虽然他们会给我打电话和我抱
怨对方的各种不好，虽然……生活里总是打打闹闹，但我
知道他们是相爱的。

有一年我妈生日，我爸买了一束花，犹豫了好久都不
知道怎么开口送，后来他买了个花瓶，拆了花束放在花瓶
里就直接摆在了餐桌上。我妈回来看见了，笑了笑，没多
说什么，她挽起袖子给我爸卤了一锅他最爱的肉厚膘肥的
猪肘子。

平凡的夫妻，不懂得经营多少浪漫。但他们将那种细
微到彼此谁都无法察觉的爱渗进骨血再渗进日常的点滴。
他们不会把"谢谢"挂在嘴边，只是把它默默化作生活中
的一件件小事，在百无聊赖的日子里细水长流。

4

爱人之间，用依赖代替说爱。

有一次我去表姐家做客，她当时刚出差回来，饭桌上她和我抱怨说这两天失眠没睡好，姐夫关切地问："是酒店不舒服吗？"她说："晚上听不见你的呼噜声，睡不着。"姐夫出去吃饭，回来后嚷嚷着要喝汤，表姐问："在外面没吃饱吗？"他答："外面的味道，比不上家里。"

电影《忠犬八公》中，那只在主人逝去后依然守在车站等候主人归来的忠犬感动了无数人。电影中有句话："谢谢你愿意爱我，在我被抛弃时，愿意给我一个家。"让我印象很深刻。有你的家，胜却人间无数。

5

在网易云上看到一条热评：没有好看的皮囊，也没有有趣的灵魂，可还是谢谢你的喜欢，让我觉得自己不是一无是处。每个人来到这世上，没有义务去爱一个人，关注一个人的喜怒哀乐，可是，还是谢谢你把爱和关注留给了我。谢谢你爱我，我哭泣时，你暖语安慰；我脾气不好，可你还是包容我；我任性无理取闹，可你还是迁就我；我让你生气，可你还是逗笑我。

　　在网上看到这样一句话：你要记得那些黑暗中默默抱紧你的人，逗你笑的人，陪你彻夜聊天的人，坐车来看望你的人，陪你哭过的人，在医院陪你的人，总是以你为重的人，带着你四处飘荡的人，说想念你的人……是这些人构成了你生命中一点一滴的温暖，是这些温暖使你远离阴霾，是这些温暖使你成为善良的人。谢谢你告诉我原来我也可以爱人与被人爱，谢谢你爱我。

中国式夫妻：吵不散，
骂不走，苦难不离，生死相依

1

从小，我爸妈就常常吵架。鸡毛蒜皮的小事都能掀起轩然大波。

比如在吃饭这件事上，我爸很挑食，他口味重，嗜油嗜辣，水果也只喜欢榴莲。我妈是典型的南方人口味，好清淡好汤水。但家里是我妈掌勺，所以常常到饭点的时候，两个人会为了菜色的口味而起争执。最后吵架的收尾每每都出奇一致："各过各的！"

第二天我陪我妈去买菜的时候，她还是会一直不停地骂骂咧咧。她会说这男人是怪人，这辈子遇见这个男人就是个错误之类的话。但是在路过干货摊子的时候，她会极其平静而自然地掏出手机扫码，买十块钱的辣椒、花椒。再在路过水果摊的时候，拿走一个榴莲。

我习惯了他们数十年如一日的拌嘴，甚至是分居、离婚之类的要挟，因为料准了没几天两个人就会和好如初。当我和朋友聊起父母的感情，她们会诧异地感叹道："原来你爸妈也这样啊！"

2

我一个朋友说起他的父母。他爸妈一直以来都是一点就燃的暴脾气，两个人吵了几十年了，在过了知命之年的时候，心想为孩子忍耐了彼此这么多年，现在也该是个尽头了吧，于是约好选个日子去离婚。

但是某天早上他妈妈去锻炼的时候，不小心摔倒了，诱发了一些并发症。他那个脾气极其倔强的父亲，心急如焚，衣不解带地照顾他妈的生活起居直至她康复。最后也就忘了要去离婚的事，但在他妈妈快好的时候两个人又拌嘴了，这时，他听到他爸冲他妈吼道："吃饱了撑的，孩子有事业要忙，一把年纪了就凑合着过吧。"你看，中国式丈夫连撒娇都是逞强式的。

中国的很多夫妻，表达关心表达爱的方式，要么是沉默要么就是打压、对抗，他们的爱极其克制，但也渗透到生活里，化作一种彼此依赖，血浓于水的深情。

我常常会收到粉丝来信，有个朋友和我倾诉了她对另一半的怨气：丈夫偏袒他的母亲，婚姻里常常忽略她的感受，为人不够成熟，也不够体贴……她时常心如死灰，想要离婚。但是过几天，我再问她，想清楚要离婚了吗？她犹豫了，说："都老夫老妻了，离了的话孩子怎么办？"真的是因为孩子吗？还是说潜意识里是自己不舍，不舍得那么多年的感情，不舍得那些相濡以沫的时光？说一日夫妻百日恩也行，说血浓于水也罢，她其实对他是有感情的。

平静下来的时候，你想明白了婚姻是柴米油盐的日常也是两个人缺点的相互折磨，所以在生活的一地鸡毛里就算有几千次想要掐死对方的念头，可如果真有人把刀架在他脖子上，你一定会是那个第一个冲上去抢刀的人。相信我，就算你们前一夜吵得再厉害，你也会这样做。

那些说着要离开的，只是一时气话。那些嚷嚷着不爱的，也不过是孩子气的试探。真正要离开的，根本没有吵闹的力气。

3

有人提出一个概念"中国式夫妻病"，指的是，中国人的婚姻容易缺少亲昵、情话、幽默、欣赏、沟通、童心、浪漫等 7 样东西。

我们不得不承认或许是由于文化、传统、环境等原因，很多夫妻的感情比较克制。但说中国夫妻不懂爱情，我是不认同的。

很多年前，有一部电视剧叫《金婚》。在故事里，妻子文丽从小娇生惯养，还有点洁癖，丈夫佟志天性懒散，不修边幅。从一开始，两个人在生活上就不合拍，不断发生大大小小的摩擦。随着日子一点点过去，两个人的冲突却从没停止过，比如婆媳关系问题、孩子教育问题、财务问题、配偶的外遇风波……甚至一直到金婚的日子，两个人还在为穿不穿礼服这样的小事情拌嘴。

风雨数十年，他们从未停止过争吵，但也从未中止过陪伴。人这一生啊，得度过无数风雨，经历无数诱惑，两个人要没点定力，早就被生活的巨浪打散了。

一辈子，吵不散，骂不走，苦难不离，生死相依，这就是中国式夫妻。总是羞于说我爱你，跟外国人外出买菜都会带回一把玫瑰的亲昵相比，我们只会在买菜时多带一个他喜欢吃的南瓜，多抓一把她喜欢吃的樱桃。更多的是，就像《金婚》里的结局，文丽生病了，佟志痛苦不堪，当文丽告诉佟志要好好照顾自己时，两人在雪地里都争着走在对方的前面。

张佳玮在文章《无非求碗热汤喝》中说：刘嘉玲扮演的零零发的妻子在《大内密探零零发》里有句美妙绝伦的台词。无论零零发多么落拓、不得志、遭误解，她都是一句"你肚子饿不饿，我煮碗面给你吃，好不好？"中国式的家庭、生活观念和夫妻恩爱，五湖四海，千秋万载，到最后也就是归到这么一句平淡温暖的话：我煮碗面给你吃，好不好？有的就是一种细水长流的寡淡，但其实是情比金坚的感情。虽然，相爱的方式有点别扭，但不代表那就不是爱情。

4

其实，吵吵闹闹就是最实实在在的生活，是两个不同的灵魂企图征服对方的笨拙磨合。

张爱玲有一句很经典的话：生活是一席华美的袍子，上面长满了虱子。再美的生活也有你看不到的不堪，同样的，再美好的金童玉女，再夺目的眷侣佳偶，也难免会有矛盾冲突。

早年有对被称为"金童玉女"的明星结婚，但后来令人无比唏嘘的是两人还是离婚了，分开后，妻子抱怨丈夫在生活中就是个甩手掌柜，什么都不管。你看，再美的璧人，再美的承诺，一旦放到同一屋檐下，彼此的缺点就会暴露无遗，美好的童话总是会幻灭。

不吵架的婚姻几乎是不存在的。所以，夫妻之间的相处之道无非就是包容。陈道明说过：情侣间的尊重，不是闲情逸致时，而是意见相左时；夫妻间的恩爱，不在花前月下时，而是大难临头时。涂磊也说：吵吵闹闹，是实实在在的生活，真正的生活就是应该通过面对难题，共同进退。《一代宗师》里，夫妻之道，在于无声胜有声。一日夫妻百日恩，百日夫妻比海深；一日夫妻感情浅，十年夫妻常翻脸。

最后，还是想重述一下那句鸡汤老梗：我不羡慕在街角拥吻的情侣，我只羡慕在街头牵手的老夫妻。愿你和那个吵不散的爱人，相伴到白头。

有多少人，最后嫁给了高中同学

1

在电影《左耳》里，黎吧啦说：爱对了是爱情，爱错了是青春。年少时，我们曾经和另一个人约定过生生世世，那时的爱情，总是欢天喜地地认为能与眼前人过一辈子，所以预想以后种种，一口咬定它一定会实现。可惜岁月就像筛子一般，帮我们过滤掉那些最细腻最琐碎的部分，直到最后留给我们一堆渣。

在青春里炽热地爱过后，当激情燃尽后，我们很多人终究还是会错过。直到很多年后，当我们经历了成长的阵痛、爱情的变故、走过千山万水后，才会幡然醒悟，那么多年的时光只是上天赐予我们的一场美梦，是为了支撑我们此后可以坚强地走完这冗长的一生。

2

　　上周我参加了我高中同学的婚礼，曾经的班花里雅，如今兜兜转转终于嫁作了他人妇。新郎我们都不认识，据说是相亲认识的，交往两个月就决定结婚了。宴席上，张亮喝多了，青筋暴起满面通红，但还是颤颤巍巍地站起来，低着头强忍着眼泪说："祝你们幸福。"

　　谁也不知道他们之间到底发生了什么。里雅和张亮同是我的高中同学，当时大家都说他们是郎才女貌，天作之合。上大学那会儿两个人跨越千里，坚持了 3 年的异地恋。后来里雅出国深造，两人之间的隔阂开始产生。他们都很用力地在爱着，印象很深的是有一次里雅在西班牙，当时她要飞法国，但当她在机场时，突然想起第二天是张亮生日，于是临时改飞中国。

　　可以想象得到，两个年轻人当时见面的感动该是何等的热烈。但这段感情最后还是耐不住岁月的摧残和距离的考验。或者准确说，是我们的成长领着我们的爱情走向不同方向。

　　里雅毕业后，两个人差距悬殊，张亮终究无法战胜自己日益增长的自卑以及膨胀的自尊心，他变得易怒冲动，对里雅控制欲极强，后来两个人也就分手了。

　　我还记得大学的时候，里雅跟我说，她以后一定要跟张亮结婚，那时候她的眼里闪闪发光。长大后，想想曾经那么不顾一切地喜欢过一个人，真的是单纯又美好。但如今，她嫁给了一个刚认识两个月的男人。

我们问张亮，7 年的感情，经历了那么多，怎么说散就散？张亮说可能彼此遇到得太早了，在一起太久了，已经没有力气走进婚姻了。

我们深爱过，可是我们遇见得太早了，最后只能惨淡收场。没有在一起，只是因为我们太过深爱，那场爱情几乎耗光了我年轻时所有的力气，到最后我还是不得不看着它与我渐行渐远，而我最爱的那个姑娘，也在某一天永远不属于我了。

我们曾相爱，想想就悲伤。

3

我之前在微博里看到这样一条内容：二月十八号前男友结婚，我半夜开车去他家门口，看着他家门口贴的大红"囍"字，看着三楼他的婚房，想想跟他在一起的两年，心里都在发抖。和他结婚的那个姑娘，请善待我的青春。

每个女孩都是男孩人生的烛火，照亮了他们青春时疯狂追求爱情的动人姿态，帮助这些男孩，一步一步成为像样的男子汉。

后来有一天，我遇到了张亮的"烛火"——里雅。说起张亮，她抿了抿嘴沉思后，借用了电影《那些年，我们一起追过的女孩》里沈佳宜说过的一句话：人生本来就有很多事是徒劳无功的。比如年轻时候的爱情，她到底还是有那么一丝牵挂的，但终究到最后，张口说出的却只能是："都过去了。"

或许真的就像《匆匆那年》里九夜茴说的那样：年事渐长，才终于明白，年少时总要青春萌动一场。我们爱上的只是爱情，而不一定是特定的某个人，但是那种苦于恨思于念却是异常的真切，真切得一生都不能忘。

还记得那首歌里唱的吗：还记得年少时的梦吗？像朵永远不凋零的花。我们都曾笨拙却炽热地爱过一个人，都以为那会是一场地老天荒。到头来，那不过是人生的一场路过，你路过我的青春，我路过你的心扉，此后彼此回归陌路。

最终又有多少人，真的嫁给了自己的高中同学？

有多少爱恨情仇，只因修为不够？

1

几个月前，我和一个 80 后的姑娘聊天，她在北京一家自媒体公司上班。当时她告诉我她和男朋友的感情遇到了困难。

她男朋友是个富二代，有车有房，工作光鲜，他们在一起两年了。他对她来说是珍贵的，她觉得自己捡到了宝。原本商量好今年年末要结婚，但是她越来越觉得男友对她不上心，他们吵架也越来越频繁，但每次吵完架都是她先低下头去讨好他，爱得越来越卑微。

有一天晚上，他们一起吃饭，男朋友上厕所忘了带手机，突然桌子上男友的手机屏幕上闪出一条微信消息：想你了，你在干吗？她抓起手机迅速解锁，把男友和那个微信好友的聊天记录翻了个遍，证实了男友和另一个姑娘暧昧的事实，她当即觉得天都快塌了。原本遇到这种情况一般姑娘的表现要么是大吵一架要男朋友做出一个解释，要么撕破脸来摊牌要男朋友在两个人之间做个选择。但是她除了哭什么都没做，反而变得更加卑微。为了留住他，她不追究反而加倍地对他好，讨好他。

我看她那么痛苦，问她："如果离开他，你会怎么样？"她惊愕地看着我，语气里满是恐惧和不安："不可以的，我今年都 30 啦！离开了他，我不能活啊！"我一点也不惊讶一个姑娘会因为爱而去无底线包容一个人的错误，但令我惊讶的是，她会笃定自己这一辈子离开了某一个人就不能活了。

最近听说她还是被分手了，而对方给的理由是：性格不合。当然她自此对前任恨得直咬牙。是不是不合我们不知道，但我觉得这反而是好事。因为在爱里如此卑微的你，注定以后不会幸福的。不对等的爱情，本来就注定要分道扬镳。

2

那天，她丢给我一个问题：到底是什么样的女人才能在爱里不受伤？我没回答她，只是给她讲了另一个人的故事。王姐是我的上司，1986 年出生，有车有房有存款，在工作上号称"拼命三娘"。她有个很优秀的男朋友，两个人在不同的城市里各自打拼，只是周末和节假日的时候会聚一聚。两人的感情很稳定，虽然还没结婚但两个人也都不着急。

印象深刻的是有一次她的朋友在街头遇到她的男朋友和自己的同事一起去了一个夜店，于是赶紧给她通风报信，当时那一头的她正在悠闲地和朋友打桥牌，听明白发生了什么事之后，她回复她的朋友说：随他去吧！她的朋友很惊讶，她说难道你这时候不是应该赶紧换衣服开车追到现场探个究竟吗？她笑笑说："明天他会告诉我的，如果他没有告诉我，后天我会自己问的，如果他还撒谎的话，想走就让他离开好了！"

"想走就让他离开好了！"你说她不爱他吗？她当然爱，但是三十几岁的她更懂得一个道理：强扭的瓜不甜，强求来的东西终归不能真正属于自己，该来的来想走的走，从不强求，还有什么比这种从容更让人着迷的呢？

两个成熟的人之间，没有相互的干涉，没有相互的批评和质疑，更没有相互的纠缠，他们像两棵树，相互依偎给彼此力量但是又不相互困扰。他们手牵手望着共同的远方，渴望着共同的风景，携手并进。

木心说：有多少爱恨情仇，只因修为不够！年龄真的是很神奇的东西，有的人沉淀下来，变得成熟而坚韧、开阔而淡然。有成熟的内心更有对万物更为开阔的包容心，驾驭起两个人的婚姻也就更为自如。

王姐最后对我说了这样一段话：一个在爱中活得自由的女人，是要具备离开的能力的。不管是工作，还是交男朋友。工作上，当你具备离开这个公司也能生存下去的能力时，你就不会焦虑。感情上，当你随时能离开他，你就是自由的。而你越自由，离你真正想做的事情，想成为的人，就越近。

我想，她说的这种自由，大概就是很多人在岁月中苦苦追寻的吧。

3

而与之相反，在爱里活得最低级的莫过于卑微而又狰狞的面目了。很多人分手的时候姿势都太难看了，要么是不共戴天的仇恨，要么是寻死觅活的过激行为，要么是无所不尽其极的纠缠……等岁数再大点，你回过头来只会想：当初可真幼稚。

2017 年热播的电视剧《我的前半生》里的罗子君，一开始每天养尊处优，闲来无事就处心积虑地防着丈夫出轨，可是再怎么努力防小三，丈夫还是出轨了。在自己被生活扔入谷底后她终于开始醒悟，开始奋起，开始走上了自我修炼的人生道路，也在自强的路上靠自身的魅力收获了更为优质的爱情。

当她再面对前夫的忏悔时，终于可以轻松地说出"我一点也不爱你了"这样的话。这一回，是她把悔恨、遗憾、痛苦留给了前任。

可是我们要知道，刚被抛弃的时候她是多么的狼狈不堪，那个时候她咒骂、哭泣、盘算着复仇，计划着让前任付出代价，苦苦找寻摧毁对方的方法。

有时候我们过于纠结过去难以放下，不仅仅是时间不够长，还因为我们都太年轻，看不透很多东西，也就混沌而迷茫。

所有的爱恨情仇，都要在我们得到成长，获得新的救赎后，才能真正尘埃落定。

4

你还记得电视剧《欢乐颂》里的安迪和曲筱绡吗？曲筱绡和她的赵医生分手后，她即使痛到不能自已，依然会流着泪说："我要像戒烟一样戒掉它，然后开始全身心投入到工作中。"还有安迪，你什么时候见到她为爱委曲求全过？

什么是修为？准确的其实我也说不清楚。但我想了很久，在我的理解里，大概就是很努力地在自我成长的路上，除去泪水和汗水后沉淀下来的东西吧。

　　我内心淡定和沉着，有不再将自己的人生依附于别人的成熟；我内心充满安全感，不沉湎过去不陶醉于虚无，也更无仇恨的纷扰；我看得清得失也放得下过往，让一切爱恨情仇最终能安静地尘归尘，土归土；能不念过去，也能不畏将来！

真羡慕你还活在可以受情伤的年纪

1

　　我的好朋友小泽确定考研再战的时候已经是 2018 年 8 月了。2018 年 1 月份考完试他发微信告诉我：我去年 9 月份去看过她了。我气得直跺脚，隔着屏幕，我指着他的鼻尖骂他："小泽，你再犯贱我跟你绝交。"

　　小泽大学四年，都在死心塌地追一个女生。我们的友谊情比金坚，固若金汤，大概就是因为他每每在那个姑娘那里受了情伤都会到我这来寻找安慰，可能他需要我的冷言冷语骂醒他，虽然我一直都是这样做的，但是一直也没有成功过。

　　大三的一个冬夜，我们一群人出去溜达，走到肯德基门口，我说："它家的菠萝派真好吃呀。"于是出来的时候他兜里就揣了两个，说要带回去给他的姑娘；走到屈臣氏我进去买了一个牙刷，他跟进去挑了支唇膏，然后羞涩地挠头解释，说她最近嘴唇有点干；走到一家小店，我们进去买袜子，付款的时候他抓了一把香包过来，每人分了一个后，收起来一个，说那个要留给她；走到她的楼下，一个电话后我们看到他又欣喜又羞涩的表情，便识趣地走开了，他却在不久后还是悻悻地追上了我们⋯⋯

莎士比亚说过，爱情来的时候，在女人身上表现出来的是大胆，在男人身上则是胆怯。追到第三年的夏天，他和那个女生一起去了趟凤凰古镇，回来时高兴地说他终于亲了她，电话里是抑制不住的雀跃。他总是小心翼翼，可不属于就是不属于，终究还是会丢的。最后一次去道别，姑娘都不愿移步到楼下听他的问候，他在楼下站了一会儿默默走了。

"我只是要给自己一个了断，她却连最后一个好好道别的机会都不给我。"他这样说。这是一场悲壮得只够感动自己的坎坷情路，你在里面翻越千山万水，轰轰烈烈，自己想起来是抛头颅洒热血的壮烈。想起那夜冬寒料峭，你跋涉千里来到她的面前，但在所有人眼里，你只不过是一个一厢情愿的、执拗的、幼稚的青涩少年。

我在毕业半年后，有天半夜走在回家的路上，突然想起他，给他发了消息：小泽，我决定写下你的故事。

他问："主题是什么？"

"青春。"

2

《人生若只如初恋》里，写了一个青春期里在躁动的荷尔蒙的驱使下纯洁的初恋故事。故事的最后他的初恋女友为了他，跟着他一起复读了一年，但若干年后两人还是只能走相忘于江湖的套路。其实这个故事在现实生活中我听过原型。

两个人都是我的高中同学，他们约定要在同一个城市上大学，上了大学就在一起。男孩为了和女孩在一起，陪着她复读了一年，最后考了一个比第一年更低的分数，两个人经历了 4 年的异地恋，但是 7 年后还是不能幸免地分道扬镳了。

后来，男孩去了深圳，交了新的女朋友。有一天，她的初恋女友来了深圳，想约他见一面。男孩犹豫了，他感觉他其实是不爱现在的女朋友的，只是有种难以名状的负罪感和责任感，他在去与不去之间徘徊不定，痛苦万分，他好像也累了，不愿意不顾一切了。后来他们好像也没有见面，也是，见面除了增加彼此的痛苦之外，好像也对现状做不了任何改变。

多数人对待初恋就像《那些年我们一起追过的女孩》里的柯景腾一样，我们掏心窝地去爱，用尽了所有的力气，但最后我们还是得眼睁睁地看着她穿上婚纱成了别人的妻子。

　　情窦初开时卖力地去爱，当我越来越长大时，愈加发现那时的我是那样的可爱，而现在的我已再无那样的力气了。

3

　　我一直在盘算，什么时候把我那段很屁的历史拖出来晒晒。毕竟我也是年轻过的人。

　　我有一场短暂的初恋。我当时花了三天时间做了一个表白的 PPT，在零下十度的冬夜里给他买了件衣服，呆呆地站在他家楼下好久都不敢给他，写了好多没有寄出的信，好多……总之最后结局很惨。

　　后来，过了很多年，我觉得我好像又遇上了一个喜欢的人，我用了很长的时间去做决定，当他表现出把我当好朋友时，我直接用我的方式给自己找了个台阶下，自此不再刻意联系。

　　情伤的后遗症大概就是会产生莫名其妙的尊严感，会给自己穿上那种厚厚的防备铠甲。内心波澜不惊，已无所谓撩拨不撩拨，愈加吝惜自己的气力和诚意，投入的时候迅速又节制，分开的时候干脆又理智。

4

恋爱是什么？是有一搭没一搭地说很多没意义的话；是精力旺盛地在路人面前做尽各种看起来很傻的事；是给喝酒买醉、抽烟装深邃找一个理由。

但不管怎么看，它对于你漫长的生命而言都是有趣的，只是有很多疲倦的人，当他们再跋山涉水遇见一段爱情时，多半只想轻轻放下就走开，然后一个人在黑夜里偷偷难过。

路过街头，我看见一对情侣在打闹，不禁轻叹一口气：受情伤也是种能力，那是年轻人才有的天赋。

情之所钟，虽丑不嫌

1

有个姑娘给我留言：QQ 里面有个功能叫"悄悄话"，我暗恋他很多年，有天心血来潮，用这个功能问他喜欢什么样的女孩，他回复说喜欢表面高冷但相处起来幽默搞笑的。我为了这句话一直在努力，很多年后，他在朋友圈发了他女朋友的照片，却是个可爱娇小的妹子。

想提分手的人，有的找不到理由时，就会替自己找台阶说："你不是我喜欢的类型。"事实上，不是你不是我喜欢的类型，而是我喜欢的那个人不是你。你努力了那么多年，走不近他的同时，也离真实的自己越来越远。

这个世界，没有类型，只有喜好。

2

　　就像好友诗诗，没恋爱前奉行人生要"及时行乐"。当初男友常嫌弃她缺少女人味、不够瘦，于是她就在那个暑假，买了很多高跟鞋，还有一架跑步机。当她把命都快折腾没了的时候，那个男友还是喜欢上了别人，他说他最讨厌看到她穿着丑丑的运动服，跑得呼哧呼哧，大口喘粗气的模样了。接下来的日子，我看着她流着泪卖掉鞋，卖掉跑步机……直到分开好多年后，诗诗认识了一个男孩。这个男生虽然没有前一个帅，没有前一个高，但他真心喜欢她，那个男孩子告诉她：你什么样子我都喜欢。

　　她或许还会再穿高跟鞋还会再想瘦成一道闪电，但今后的理由仅仅只会是因为她自己喜欢。我们都是在享受到真正的爱时才会明白，曾经有些努力真的是毫无必要的，这个世界，是没有绝对的类型的，你永远不是只有一面。时而乐观，时而一脸绝望；时而成熟，时而天真得像个孩子；时而高冷，时而做一些啼笑皆非的事情，这才是常人该有的样子。所以标签是很不科学的东西，喜欢你的人看到真实的你会觉得很惊喜，不喜欢你的，你的太过用力反而会招致反感，你的每一次努力都看起来拙劣不堪，笨拙又滑稽。

3

努力去做别人还是很累的，扭捏又造作，有时候连自己都鄙视那样卑微的自己。抬头若是看见那个自己苦苦追逐的原型，那种嫉妒足以吞噬你原有的气定神闲的生活姿态。

我在上学的时候，有阵子经常在操场上散步。有一个微胖的姑娘每天坚持夜跑，绕着操场一圈又一圈地跑，大口喘着粗气也不停下来。一直坚持到第三个月的某一天晚上，我看到她边跑边哭了，我当时在想是什么力量支持一个女孩如此竭力地去做一件事情，我其实也不知道，但是我猜想在这样的年龄，很可能只是因为一个男孩，一份不如意的爱情吧。

年少时的我，曾经也想成为另一个人，后来我发现我的斗志我的积极会因为爱而扭曲成嫉妒，他在我面前每夸一句别人的好，都会化成毒药反噬在我原有的自信上。我去观察那个假想的情敌，我去学习她的穿着和优点，但故事的最后并没有一个励志的结局，我也没有成为更好的自己，不免俗套地，我的爱情土崩瓦解了。

现在的我明白其实从根本上讲，是因为他不喜欢你，所以也就压根儿没有试图去了解和接纳过你。只是，明明是很浅显很简单的道理，那时候却始终看不明白，也只有你不再喜欢那个人的时候，你才愿意承认它。

4

大张伟有句"毒鸡汤"：不是所有的事努力都有用，那 50 块再怎么努力也没有 100 块招人喜欢。所以我们也就没有必要委屈自己，逼自己活成别人想要的样子。这世间，真的有很多事是你努力不来的。

最近，我是真的胖了很多，但那个看上我的小伙对我说："你就是再胖我也喜欢你。"我相信他！所以我心安理得地咽下了许多红烧肉，但我最后还是给自己列了个减肥计划，因为我觉得一个惹人喜欢的女孩还是想要对得起别人的喜欢，她也不会甘心真的让自己的身材失控，毕竟如果变得又瘦又美的话自己也会非常开心，你说是吧？

请告诉女儿：嫁人，三观比五官更重要

1

前段时间，我因缘巧合认识了一位老太太。她闺女今年 29 岁了，家里上上下下都在催婚，倒是这个向来性急的老太太，反而显得很淡然。

有一回她家亲戚去她家做客，同行的人在聊到儿女婚姻时，随口开玩笑说："不要太挑剔，当心嫁不出去。"老太太听了只是笑笑，平淡地回答道："没事，在这件事上不挑剔，那要在什么事上挑剔呢？"

去慎重选择一个对的人，既是对婚姻负责，更是对自己的人生负责。我是理解为什么老人家会有这样的想法的，或许这是她有感于自己的婚姻而发出的喟叹。

老人家年轻的时候经人介绍，初见面时觉得外形合适，便草草就嫁给了现在的先生，但是婚后发现两人三观完全不合。比如她一心想着如何勤俭持家，但她的丈夫年轻时

却沉迷赌博。有了女儿之后，老太太用所有的积蓄盘下了一家餐馆，起早贪黑地经营饭店，希望未来可以给女儿更好的生活，但是她的丈夫却更享受"做一天和尚撞一天钟"的安逸生活，即便店里忙得不可开交，他也会一个人在角落里喝酒醉到不省人事。当女儿慢慢长大，她开始在女儿的教育上不遗余力地挑选好资源时，她的丈夫却觉得这是在浪费钱，一直到现在，他还在抱怨为什么当初生的是女儿……

为什么不离婚？对于他们那一代人来说，习惯了忍耐和克制，尤其是在有了孩子之后，就会一切以孩子为中心，生活便无所谓其他的喜与乐……可是，数十年相处下来，非但搭建不起坚韧的亲情，反而两人近乎一辈子都活在对彼此的怨念和冷漠中。

和三观不合的人朝夕相对，长寿也是折磨。而今，她只是不希望自己的女儿重蹈覆辙，对于婚姻她有自己朴素的道理：嫁人一定要嫁一个喜欢又合适自己的，三观不合不能相处的话，还比不上单身来得快活。

2

三观不合真的不能在一起，因为思想、感知、经历全都不一样。比如，你喜欢旅行，他喜欢宅，这没有问题，但一旦你说你喜欢追求诗和远方，他却反过来批评你矫情，这就会产生分歧；你爱大海，他爱大山，也谈不上不合适，但如果你说大海很漂亮，他却说那里淹死过很多人，就很难不引起争吵。

电视剧《北京女子图鉴》里，女主陈可是个极具野心，享受金钱的姑娘，男主张超则是个踏实本分，享受安逸的暖男，双方即便享受了爱情最初的热烈，但最后还是因为三观不合分开了。在剧中，有这样一个细节：陈可和张超去吃自助餐，当张超打着饱嗝，笑谈自己可以把本吃回来的时候，陈可陷入了沉默……就是在这样一个又一个生活中不经意的细节里，因为这种观念上的差异，将爱情一点点撕扯，让另一个人渐渐心寒、退却，直至最后的爱意荡然无存。

三观不同的人像两个相斥的异极磁极，说话永远不在一个频道，互相理解不了对方，所以就有了两个孤独的灵魂。

3

因为有太多的看起来郎才女貌的佳偶，走着走着就成了怨偶，所以最终我们都懂得了：与他人交往，最重要的不是容貌金钱，而是你和他对于这个世界的看法、对人生的态度是否一致。在成人的世界里，只有价值观相同的人相处起来才会更为舒服和长久。两个人彼此包容，彼此欣赏，能做到求同存异，即便站在不同的角度，望向的却是共同的远方。

我想起了朋友描述她爸妈的感情：五十几岁的人了还热衷于给双方制造生活中的小惊喜，时刻表达对彼此的爱意和感激；他们爱好相同，假期常常扔下她自驾游出门过二人世界；他们都积极乐观，工作中出现暂时的不顺会彼此安慰，互相打气；他们都很善良，对弱者都保有同情心；他们的婚姻观一致，认为婚姻就应当相互包容……

所以就算生活中不可避免地出现分歧时，他们也能静下心来换位思考，想办法让彼此达成一致。

丹佛大学婚姻与家庭研究中心的霍华德·马尔克曼教授就曾对婚姻关系进行了一项长达15年的研究。他对306对夫妻进行调查，发现只有能玩到一起的伴侣才能真正享受到高质量的婚姻。

生活是一条充满坎坷的道路，上面有太多已知的、未知的艰难。余生请和三观相同的人在一起，玩能玩到一块，笑能笑到一起，才不至于让每天的生活都充满争吵，不至于让婚姻被琐碎轻易动摇，不至于让笑脸一次次挂满泪痕。

普通人的人生，不求富贵显赫，但求平安喜乐就好。

4

卢思浩说：三观不同，一句话都嫌多。我想人和人之间一定存在磁场，沿着三观向外辐射。有人说了上千句话还是拉不近距离，有人坐在对面即便不说话也不会尴尬，你一个眼神，他大概就懂了。频率相似的人顺其自然就会聚在一起，磁场不合的人讲几句话就像在翻山越岭，感觉始终到不了。

有句话叫三观不同，不必强融。世界太拥挤，把位置留给值得的人就可以了，更何况是每日一起朝夕相处的爱人。余生，和一个三观相同的人在一起，这种来自灵魂的共鸣比任何一种肤浅的吸引都要长久而有趣。

余生，愿你不被薄情所伤，不曾孤独到让心流浪，爱一个默契的人，从此长河落日，一世安稳。

遇到爱情，除了命运也许还需要勇气

1

去年大概是新年凌晨的时候，我收到小湾的消息。她说她觉得自己找不到可以喜欢的人了。我问她为什么？她回答我："因为我活到这把岁数了，依然没有恋爱的冲动，虽然每个月总有那么几天一抬头放眼四周，仿佛每个人都可以试着交往，但仔细想想又觉得谁也不喜欢。"

小湾今年 27 岁了，她最好的朋友都谈婚论嫁了。

"早晚都会有的，这是命！"我当时打趣地回复到。

"今天加班，下班的时候已经快 11 点了。我匆忙赶到地铁站，一个人面对着空荡荡的地铁站。刚走出地铁口，快到家时，天又突然下起了暴雨，我冒雨狂奔在那条通往出租屋的小巷里，那里黑乎乎的，我却顾不得心惊胆战，绊了一跤也顾不上疼。回到家已经是凌晨，而且浑身都湿透了。我洗完澡躺在床上，扛着睡意擦头发，突然觉得好难过。偶尔也冒出过要不要找个上下班接送，周末游玩，午夜暖床的人的想法，可是每次遇到异性邀约，我通常先挣扎一番，再百般托辞拒绝。两个人总归太累，凑合着在一起更不甘心，想想还是一个人好。"微信那边小湾自顾自地说，我沉默着听，偶尔笑笑不至于让气氛显得格外压抑。

2

　　找不到一个人来喜欢，真的是一个烦恼。就像你看了一本书酝酿出一句自认为富有深意却又格外矫情的情话无处诉说；就像情人节、七夕节、圣诞节之类的节日你想制造些仪式感却没有对象，以至于此类的节日于你都是一样的可有可无，索然无味；就像你看到朋友的宝宝，心都被萌化了却又犹豫着要不要发朋友圈，因为你想避免每一个会被别人嘲笑为"单身狗"的可能，此类的自嘲只有你自己可以说；你的梦想是想和自己的恋人去很多人少风景佳的国外风情小镇，但是一想起来自己还没有喜欢的人，心中便会升腾起莫名的焦虑；最怕的是过年回家，亲戚们用关切粉饰着八卦，总是追着问年龄和月薪以及情感状况让你窘迫异常……

　　或许是因为找不到可以喜欢的人，所以喜欢明星总是格外长情，毕竟少女心事少男情怀总要有个寄托才得以暂时安放。然而单身久了只会更理智而不是如你所想的饥不择食：时常一面遗憾着周围环境难有心动对象，一面又保持着警惕与清醒，锱铢必较地算计着情感的代价。

马克在一个企业的研发部门做软件研发。有一回被朋友拉着出门聚餐联谊，大家带了各自的朋友，有个同事的女伴对他貌似很感兴趣。大家聊得很开心，他多喝了几杯，席散后因为姑娘没喝酒也刚好开了车，就自告奋勇要送马克回家。到了以后，姑娘热心地搀扶马克上楼。姑娘眼波流转，马克看出了她的意思，但他装不知道。马克仅仅瞥了眼车牌，和姑娘聊过几句话，他的直觉就告诉他彼此并不合适。

后来，大家都笑马克尿。其实，这样的人马克断断续续碰到了很多。但似乎每一个人都不足以让他心动，即便稍微有点心动，也似乎提不起力气去积极地经营一份爱情。他也曾经很努力地想跳出自己的怪圈，用心地去了解女孩喜欢什么色号的口红，努力制造惊喜，甚至贴心地在女孩经期的时候给她送一包红糖。他非常努力地去拥抱一段新的感情，可是这种刻意的努力却最多只能维持几周，便又打回原形。

我在简书上看过这样一段话：25 岁以后的男女大都经历了刻骨铭心的爱情，经历过曾经愿意为他（她）对抗世界的那种莽撞与懵懂。爱情多巴胺是有额度的，在挥霍过既定的份额之后，命运自然会暗暗在余下的岁月里跟你慢慢较劲。所以马克会努力狡辩：别笑，男人老了，雄性激素水平下降是很正常的事。

3

对于"没有喜欢的人，也喜欢不上人"这件事，我们其实都是焦虑的，虽然嘴上说着无所谓。

你一定也没真的想过，如果你这一辈子都没有遇到爱情，你会怎么过一生。事实上，你压根儿不想一个人过一生。不管是小湾还是马克，他们依然会挣扎。就像小湾最后还会纠结着问我："如果，我这一辈子都没有遇到爱情，你说我该怎么办？"就像马克还会去思考此时彼时碰见的那个人到底适不适合自己。

我们难道真的找不到喜欢的人了吗？也不是。一是我们太懒了，不愿意去接触新的人群，二是运气真的还没到。如果哪一天你足够幸运，遇到了便是遇到了。

小湾今年遇到了，她的初恋终于发生在28岁。让人很难以置信的年纪，但确确实实是的。她只是在某个周末的下午漫步到一个广场，点了杯奶茶，找不到单独的空位就在一名男士面前的座位坐下。一条小狗热情地朝她跑来趴在她身上，她欢喜地摸了摸它。

然后那个男人开口了："嗨，我叫马克！"

小湾愣了一下，然后慌乱地应道："嗨！"这一回，谁也跑不了了。是的，他们的爱情也跑不了了。

30岁的马克把小湾放在心上疼：她不喜欢喝酒抽烟，马克就戒了，想抽烟的时候就嚼口香糖；原本把公司当家的马克会为了赶着接小湾而准时打卡下班；马克不再去参加所谓的联谊了，也不怎么去和兄弟们喝酒了，他喜欢待在家里，和小湾一起做一顿晚饭，一起看一些无聊的综艺，他们开始一起感受那些愚蠢的快乐、平凡的生活和甜蜜的烦恼……

当初马克看到小湾的时候，一定没有想过自己今天会这么喜欢一个人，他开口打招呼的时候，也没有思考过这个姑娘适不适合自己。爱情这东西，来了就是来了，哪怕是内心淡漠的人，也无法阻挡。

以前有人在网上提问：为什么人越长大越难喜欢上一个人？有人回答：不是我们越来越难喜欢上一个人，是我们越长大越能分辨那是不是爱。

所以，这么长时间的等待只是源于你的不将就，何苦说什么"遇不到爱"的丧气话！相反，将就才会引发人生更大的孤单和灾难。

爱情，它不是闪电般的情绪，说来就来。真正的爱情，它需要时间、需要运气、需要理智、需要怦然心动，还有需要你在遇到它时，敢于说"嗨"的勇气。

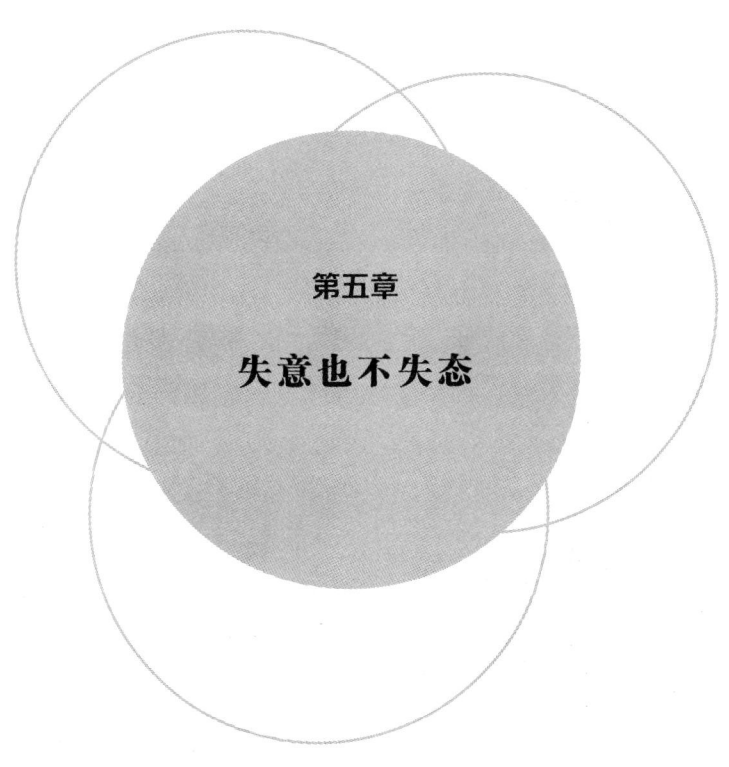

第五章

失意也不失态

请记住：撑住，才有后来的一切

1

瓦雷里在《海滨墓园》里说："纵有疾风来，人生不言弃。"意思是说起风了，唯有努力生存。

人这一生，总要经历无数的风雨，摔倒无数次，爬起无数次，披荆斩棘之后才能站在人生的巅峰。这期间的苦，有多少人深有感触？

周星驰在《少林足球》中的一句经典台词：人，如果没有了梦想，那和咸鱼有什么两样？被无数人奉为经典。一个人如果没有梦想，就要为别人的梦想打工，在日复一日的重复劳动中，浑浑噩噩地度过一生，生活会缺少很多激情，很多惊喜。

2

我有一个大学同学，他曾经的梦想是成为一名物理学家。于是几乎整个大学期间，他都沉浸在实验室和图书馆里。快毕业的时候，他废寝忘食地备考研究生，最疯狂的时候，他可以在出租屋里闭门研读一个月不出门。而我最近一次联系他，他正在国外深造。

他告诉我，曾经他也是很贪玩很懒惰的人，但当他寻找到目标后，就变得很有冲劲儿。他把他的热情和专注，都一股脑儿地投入其中，向着理想的终点靠近一点，再靠近一点，虽然这条道路充满了艰难险阻。

在法国动画片《了不起的菲丽西》里，菲丽西从小在孤儿院长大，她的梦想是成为一名芭蕾舞演员。可是孤儿院院长却对她说："梦想不能当饭吃，它注定要被埋葬。"菲丽西却不愿意接受这样所谓的宿命，虽然这样的梦对于处于那般环境的她来说的确遥不可及，但不踏出努力的那一步，谁都不能给她的人生下定论。

她想办法逃出孤儿院，混进芭蕾学校，通过刻苦训练，经历了一场又一场的淘汰，最终站上了梦想的舞台。

就像我那个朋友，在国外深造期间积极参与重大项目的研究，他离他想要的已经越来越近。对于每一个斑驳的梦想，持续坚持会让前行更有力量。

3

　　现实生活中，很多心怀梦想的人其实都知道前路很难。纵然世界很大我们很小，但就是不甘心过一眼望到头的人生，与其当一条咸鱼，不如为了梦想就此放手一搏。有个道理很通俗却也很准确：梦想面前，坚持就是胜利。

　　若干年前，一部叫《当幸福来敲门》的电影感动了无数人。电影的男主角克里斯·加纳因为公司裁员丢了工作，先后遭遇了妻子离家，居无定所等一系列生活的打击。生活穷困潦倒但生性乐观的克里斯坚强地面对困境，打散工赚钱的同时也努力培养孩子乐观面对困境的精神。完全没有股票知识的他靠着毅力在华尔街一家股票公司当上了学徒，并因为头脑灵活很快就掌握了股票市场的知识，最后创办了属于自己的股票经纪公司，成为投资家。

　　电影里有句台词：当你感觉最困难的时候，其实你最接近成功的时候。当你发现生活越来越吃力，其实就是你离成功已经不远了。温斯顿·丘吉尔也说过，成功本没什么秘诀可言，如果有的话，只有两个：第一个就是坚持到底，永不言弃；第二个就是当你想放弃的时候，回过头来看看第一个秘诀，坚持到底，永不言弃。

　　那些总让我们感到无比痛苦的当下，不过是为了成就更好的明天。就像一群人一起挖一口宝藏，在快要达到目标的时候，总有很多人因为太累了，在成功的前一步放弃了，也就连之前的努力一并辜负了。

4

你若盛开，清风自来，世间的努力，不会被辜负。熬过澎湃波涛，就是碧海蓝天。

近期，我们采访了既是光线传媒事业部副总裁也是青年作家的刘同，他就是活生生的例子。在成名之前，他梦想能出版自己的书，于是大学期间坚持写作，然而在大学刚毕业的时候，他的书稿却没有一家出版社愿意出版。

有一年，他从长沙坐火车去武汉，去找武汉的一个编辑，当他想和编辑聊聊时，对方只回复了他三个字：放那吧。

他说那种感觉就像是你为一个梦想坚持了很久，但是最终却没有得到该有的尊重，会有很强的挫败感。但谁能想到，在摸爬滚打十几年后，当初那个桀骜不驯的青年，如今已从一个普通大学生脚踏实地奋斗成为一位声名远播的职场精英。谁又能想到，而今的他，在坚持写作十多年后，成为一名畅销书作家。

如今在镜头前淡定从容，侃侃而谈的有为青年，十几年前也是领着微薄薪水的北漂，同无数年轻人一样，尝尽了奋斗的心酸和苦累。

刘同在《我在未来等你》中说：人生总是奇妙的，一旦你努力去做一件事，如果结果不是你想象的那样，那么老天一定会给你一个更好的结果。越是绝望越容易看到希望，那不是假象，是要活下去的理由。只要你咬紧牙关，默默修炼自己，当有一天你穿过那些黑暗，你会发现生活坏到一定程度后是会开始变好的，而经历过狼狈、不堪、落魄，但始终不愿意妥协不愿意服输的你，终于开始绽放光芒。

5

最后，虽然哭过累过，但在我们抵达成功的终点之前，受过的苦熬过的累绝不是无意义的。每一个更好的你，每一个更广阔的现状，都是穿越黑暗披荆斩棘奋斗来的。在我们摔倒时，可以让我们看清楚身边的人情冷暖；在我们失落时，可以让我们重新去审视生活的意义；在我们挫败时，可以让我们一点一滴地从过去积攒经验。

就像《中国合伙人》里说的：成功路上最心酸的是要耐得住寂寞、熬得住孤独，总有那么一段路是你一个人在走。也许这个过程要持续很久，但如果你挺过去了，最后的成功就会属于你。所谓"生活"无非是生下来活下去。纵有疾风来，人生不言弃，没有改变不了的未来，只有不愿努力的现在。

刘同在《你的孤独，虽败犹荣》里说：你的脸上云淡风轻，谁也不知道你的牙咬得有多紧。你走路带着风，谁也不知道你膝盖上仍有曾摔伤的淤青。你笑得没心没肺，没人知道你哭起来只能无声落泪。要让人觉得毫不费力，只能背后极其努力。我们没有改变不了的未来，只有不想改变的过去。如果现在你跑得很艰难，记住，撑住，才有后面的一切。

属于而立之年的焦虑

1

我们办公室里有个姐姐，前两天刚刚过完 30 岁生日。干了新媒体这行，没有多少时间玩也无暇顾及自己的形象，休息不好的时候脸上还会长痘痘，每天夹着人字拖素面朝天地就来上班了，至今单身。用她自己的调侃形容：活得像一堆肉，每天堆在座位上，晃过了自己的青春。她偶尔也会在朋友圈感叹自己是没有青春的人，还没有体验过脸红心跳，一转眼就步入了中年妇女的行列，想想就悲伤。

鹿晗演过一部电影叫《重返二十岁》，电影的开头，老师在课堂上探讨老年歧视，问到那个风华正茂的女生如何看待衰老，她一脸不耐烦地从座位上站起，摆弄着自己的指甲漫不经心地说："过了 30 岁我就自杀。"

30 岁的标准不同于 20 岁。过了 30 岁，如果你一贫如洗，别人会觉得你没什么出息，如果你还"胆敢"不结婚，周围的人都会觉得你有问题。30 岁是道坎，仿佛一夜之间，所有的要求都会突然上升。

钱钟书说：一个人，到了 20 岁还不狂，这个人是没出息的；到了 30 岁还狂，也是没出息的。哦，30 岁的时候心态要成熟。居里夫人说：17 岁你不漂亮，可以怪罪于没有遗传好；但是 30 岁了依然不漂亮，就只能责怪自己，因为在那么漫长的日子里，你没有往生命里注入新的东西。

2

而立之年的焦虑，在于我们根本还立不起来。我有个男性朋友 29 岁结的婚。双方父母帮忙出首付在厦门岛外买了一套房，一平方米 6 万，小夫妻自己还房贷，但是每个月的房贷几乎是他薪水的两倍，所以二人每个月还完房贷就没有剩多少钱了。

大学毕业到现在，已经工作了 5 年，日子依旧过得紧巴巴的，这就是大部分人的现实。所以在职场上有时候你会发现，男生确实会比女生更为刻苦以及努力，因为他们身上背负着更大的生存压力。而对于很大一部分即将 30 岁却还单身的人来说，焦虑在于自己的焦虑压根儿无处寄托。

那个过完 30 岁生日的姐姐有一天真的去相亲了。回来之后就开始吐槽，旁边一群姑娘听着，笑倒一片。

原来她是有标准的！我也是那时候才明白，很多人找

不到对象并不是不想，也不是不知道要什么，只是有些人
有自己的标准，这些标准摆在现实面前，呈现出了与梦想
的落差，因着那将就的委屈多多少少让人心不甘情不愿。
简单来说就是他们找不到想要的也不愿意将就，空白的现
在、迷茫的未来让他们无所适从。

3

　　此外，30 岁的焦虑，除了来自自己的平庸，还有来自
80 后的如日中天，以及 90 后的激流勇进和 00 后的崛起。
比如，我的大学同学都身价过亿了，我的弟弟工资都赶上
我了，连我的侄女都青出于蓝……你被别人的进步一步步
推到"弱势群体"的位置，这才是你最恐惧的！
　　我不得不承认当各种关于 00 后创业、00 后上大学的
新闻层出不穷时，我似乎预感到：完了，90 后的时代结
束了。
　　我怕我还没在这个时代里稳稳地承担起一个角色时，
我的时代就已经悄然流逝。我怕我一辈子是个没有谈资的
庸人，我怕我在这个世界找不到自己的位置，我怕我在我
所能拼命的几十年里不能绽放哪怕仅是一点点的焰火，我
怕我在这个时代里一生穷酸……
　　三岛由纪夫说的就很贴切：人只要一过 30 岁，他的名
字就会像剥落的油漆一般被很快遗忘。那些名字所代表着

的现实比梦幻更加虚无缥缈，毫无用处，并将被日常生活逐渐遗弃。所以大家焦躁不安，他们怕日子一久，自己慢慢被世界遗弃，但自己却无能为力。

4

有对年龄的焦虑其实也是件好事。我依然记得很清楚，在我读中学的时候，韩寒郭敬明还有蒋方舟的风头正盛。

那会儿很多社会学家天天在各种纸媒上批评 90 后是"垮掉的一代"，但最终在 90 后该站出来的时候，90 后还是担起了属于他们的责任。就像叛逆的孩子总要长大，然后穿上西装打上领带，打扮成成人的模样像模像样地开创事业，开始生活。虽然我过早地开始焦虑、开始惶恐、开始忧郁，但是后来我承认有这些焦虑其实也是好的，因为至少我知道在此期间该去干什么，寻找什么。30 岁与其说是一道坎，其实更像是一场考试的截止时间，乃至我们整个人生其实都是一场大考，高考是第一场，30 岁是第二场，40 岁再一场……30 岁生日蜡烛吹灭的时候，就是喇叭里广播"本场考试时间结束"的时候。

俞敏洪说：老去之后，皱纹透露的是庸俗还是智慧，就是你现在要做的事情。对于正焦虑的我，现在终日念叨的正能量就是这个了！

面子，才是这个世界最廉价的东西

1

有个朋友找到我，要和我借用十万元钱应急。我不由得吃了一惊，那个看起来成熟稳重，收入不菲的好朋友，怎么突然需要借这么多钱。在我的追问下她才透露，前阵子她和丈夫在老家盖了一栋大房子，为了"不输阵"，乔迁宴还硬着头皮办了豪华流水席。

我说这种陋习何苦要跟风？她皱起眉头，颇为为难地说："面子下不来啊。"

其实这种事并不少见，有些地方丧事喜事大操大办，投入大量人力财力物力，到头来也不过是为了"面子"，然而宴席散后，风光背后的一家人却要硬着头皮将剩菜热了一遍又一遍。

对于这件事，办公室里有人吐槽说在生活中能明显地感觉到有很多人都把"自尊心"摆在第一位，面对别人的玩笑话，心理承受能力极低。

2

说到底是他们太弱了，当承受不了别人比他们强时，就开始变得虚荣。包括很多人婚嫁不谈感情只谈排场；乐此不疲地购买超出自己能力范围的奢侈品，以保证自己"有面子"；比车，比房，比谁出手阔绰……

他们认为这是追求自尊的表现，但这不过是承受不了"我比你差"的另一种刻意逃避方式。

邻居有个男孩，年纪轻轻，就因为赌博加上挥霍无度欠下了巨款。他是个司机，成天幻想着一夜暴富，高中没毕业就迷上了赌博，常常在赌场一待就是几天，好像开车是他的副业，赌博才是他的主业。

有一次他听说别人在背后嘲笑他没本事，为了挽回面子，他开始用尽一切办法去捞钱，甚至不惜去借贷，用一家老小居住的唯一一套房子做抵押买了辆好车。车是分期的，买的是宝马的最低版本，但它至少看起来气派啊！可好景不长，车还没开多久，贷款还不上了，于是又去借，借了又还不上，陷入恶性循环，直至堵不上窟窿……

前阵子我路过他的家门口，看到他双鬓斑白的双亲，神情落寞，不禁为之唏嘘。越是一无是处的人，越追求浮于表面的东西。内心不够富足的人极易掉入用物质填满贫乏的误区，最后反倒落个一无所有的下场。

其实不难理解，因为在社会竞争中没有优势，缺乏价值实现的满足感，长时间的压抑让他们愈发敏感，像易怒的狮子一般。生活中不难见到这样一些人。

3

我有个远方表亲在超市当服务员，当别人问他做什么的时，他总是扯公司是世界五百强之类的话。一旦有人表现出对他的质疑，他总是瞬间变脸，非要跟"职业歧视、人格歧视"的"小人"们讨回公道。

他们生怕自己差人一截，朋友间聊天，他们总是在自己的成就上夸夸其谈，张口闭口就说自己认识各种名流，姿态高高在上。然而现实中的他又的确没什么作为，好吃懒做行为乖张，在朋友圈中大家都看破不说破，大家的敷衍态度却让他更加敏感，也就更急于找到存在感。

美剧《破产姐妹》里的麦克斯说过：我表现出不喜欢任何事物，是因为我从来就没有得到过我想要的。马良在《坦白书》里也写道：我所有的自负都来自我的自卑，所有的英雄气概都来自我内心的软弱，所有的振振有词都因为心中满是怀疑。我假装无情，其实是痛恨自己的深情。我以为人生的意义在于四处游荡流亡，其实只是掩饰至今没有找到愿意驻足的地方。

说白了，自尊心太盛的人只是在试图掩盖自己的脆弱。

4

　　然而真正层次高的人反而性情淡然，并不在乎这些。李安身为国际知名大导演，是电影史上第一位于奥斯卡奖、英国电影学院奖以及金球奖三大世界性电影颁奖礼上夺得最佳导演的华人导演。而他得到这一切，他的妻子林惠嘉功不可没。

　　年轻时的李安虽然出身高知家庭，但家里并不宽裕，结婚的时候甚至都给不起林惠嘉一个像样的婚礼，他们两个人甚至连结婚照也没拍。结婚那天，李安的母亲拉着林惠嘉的手潸然泪下："惠嘉，我们李家对不起你，让你结婚结得这么寒碜！"林惠嘉却坚定地回答："我不在意这些表面东西，只要两个人感情好，这比什么都重要。"紧接着就是婚后长达 6 年的时光，这段时间李安没有工作全靠妻子挣钱养家，但是林惠嘉并不在乎别人怎么看，她鼓励丈夫要坚持自己的梦想。如果她自尊心太强，承受不了别人的眼光，那么李安导演也许一开始就会放弃，也就不存在后来的大导演李安的励志成长史了。

　　此外，明星明道不避讳明星的光环，陪着自己的母亲在菜市场帮忙卖菜，毫无架子可言；贝克汉姆让自己的儿子去咖啡厅打工；乔布斯一年到头都是同样的装束，对物质的要求低得可怜……层次越高的人越不好低级的"面子",他们很清楚自己内心要的是什么,他们很专注自己的内心世界,活得很自我,也就不会被外界的看法所牵绊;他们活得格局很大,目光长远,也就不会狭隘;他们自信,不管是物质还是精神世界,都对自己有了充分的认知,所以他们活得更加精进、更加坦然、更加云淡风轻……

所以,我们只有为自己明确的目标努力,并放下无用的面子,方能不在他人的目光里痛苦挣扎,才能活出自我且越活越高级。

不为往事扰，余生只愿笑

1

最近有个朋友给我留言。事情缘由是她离婚 3 年了，却依然无法从过去的伤痛里走出来。最近听说前夫要另结新欢了，顿时陷入了抑郁。在安慰她的同时，我突然意识到我们身边其实有太多同她一样沉湎于过去不能自拔的伤心人。

西方有一个著名的谚语：不要为打翻的牛奶哭泣。记住，被打翻的牛奶已成事实，我们唯一能做的，就是吸取教训，然后忘掉这些不愉快。人生需要自我原谅，成功需要空杯心态，只有忘记过去的不快，我们才能实现身心轻松，才能更加轻盈地走向未来。

总结起来，幸福的秘诀无非就十二个字：不念过去，不畏将来，笑对当下。

2

放下感情的伤害。

一个人找到一位长者倾诉他的心事。他说："我放不下一些事，放不下一些人。"长者说："没有什么东西是放不下的。"他沮丧极了："这些事和人我就偏偏放不下。"长者让他拿着一个茶杯，然后就往里面倒热水，一直倒到水溢出来，这个人被烫到尖叫，马上松开了手。长者说："这个世界上没有什么事是放不下的，痛了，你自然就会放下。"

你要明白，有些人来到你的生命里，就是为了给你上一课：很多感情里受的伤，不过是为了锻炼出内心更为强大的你；你所承受的伤害，不过是为了更好地让你循着经验，找到对的那个人；而那些伤害你的人，他们配不上你的美好，上天安排他们离开，不过是给对的人腾位置。

林夕在歌曲《富士山下》里写道：要拥有，必先懂得失去。这个世界是平衡的，你受过多少伤痛，就会收获多少幸福。你在一个人身上受的伤，总会有另一个人来弥补。

所以，不要再沉湎在错的感情里流泪了。笑着抬头向前看，会有人爱上涅槃后重生的你，为你抚平内心的伤疤，成为你最温暖的后盾，还你一世安稳。

3

释怀生活的刁难。

最近和一个老朋友吃饭。当年的愣头青，现在已经是知名企业的总裁。回望过去风风雨雨的创业路，他感慨万千。

他在二十几岁的时候，毅然决然抛弃安逸的工作，瞄准了互联网行业投入创业。可惜由于经营不善最后破产了，不仅血本无归还负债累累。当时他深爱的妻子受不了突然而至的落差，提出了离婚，并要走了唯一的一套房，留给他尚在襁褓中的孩子。原以为生活最差不过如此，结果隔年孩子被查出患有一种罕见的慢性病。他痛苦过，愤怒过，但他不想活在过去走不出来，更不想就此服输。

于是，在成都某个街头，那一带有点儿年纪的人，都印象深刻，二十年前这里有个年轻男人背着个小孩，起早贪黑经营着一个小吃摊。很励志的是，他最终靠着自己灵活的人际交往能力，出色的商业思维，以及咬牙死不放弃的毅力和乐观精神，一点点把小吃摊做成了全国连锁，孩子的病也治愈了。

我问他："你恨吗？恨那些苦难，恨生活的薄情和残忍吗？"他笑着说："不，带着怨恨的包袱，我永远走不远。"

很多取得成就的成功人士，往前数二十年，谁心里不是血迹斑斑？但你要从苦难里找经验，从失败中找原因，才能越来越好，而不是只一味埋怨生活的不公。有时候，人生最难的事，反而锻造了坚强的自己。

电影《本杰明·巴顿奇事》里有这么一句台词：不顺心的时候，你可以像疯狗那样发狂，你可以破口大骂，诅咒命运，但到头来，还是得放手。生活不可能像你想象的那么美好，也不会像你想的那么糟糕，人的脆弱和坚强都超乎自己的想象。有时候，你可能脆弱得听一句话就会泪流满面，有时，也会发现自己咬着牙走了很长的路。所以在困难面前，抬头挺胸，不要怕走下去。

4

和自己和解。

给大家讲个故事：古时有一个妇人，特别喜欢为一些琐碎的小事生气。她自觉这样不好，便去求一位高僧为自己谈禅说道，开阔心胸。高僧听了她的讲述，一言不发地把她领到一座禅房中，落锁而去。妇人气得跳脚大骂，骂了许久，高僧也不理会。妇人又开始哀求，高僧仍置若罔闻。妇人终于沉默了。高僧来到门外，问她："你还生气吗？"妇人说："我只为我自己生气，我怎么会到这地方来受这份罪。""连自己都不原谅的人怎么能心如止水？"高僧拂袖而去。过了一会儿，高僧第二次来询问："还生气吗?""不气了不气了,气也没办法。"妇人说。"你的气积压在心里,并未消逝。"高僧又离开了。高僧第三次来到门前,妇人这次回说:"我不生气了,因为不值得气。""谈论值不值得,可见心中还有衡量,还是有气根。"高僧笑道。那妇人问高僧:"到底什么是气?"高僧将手中的茶水倾洒于地。妇人视之良久,顿悟,叩谢而去。

你看,你若不在乎,岁月便无恙。

何苦要气?气是用别人的过错来惩罚自己的蠢行。不管是愤怒也好,悲伤也罢,惩罚的只是自己,以至于最后积郁成疾。然而,现世安稳,岁月静好,衣食无忧,人生有太多美好等你去发现,哪里还有时间去气?相反,原谅并不代表忘记,也不代表赦免,而是放自己一条生路。生活就像一面镜子,微笑是面对生活最好的样子,请记得,让这个世界灿烂的不是阳光,而是你的微笑。人生如赶路,风尘只一行,一切不过过眼云烟,既然流泪是过一天,快乐也是过一天,何不笑着过?希望我们都能成为温柔而有力量的人。

5

不要活在过去虚妄的痛苦中,那没有任何意义,只会让你离幸福越来越远。人生在世,不如意十有八九,既然木已成舟,那就坦然接受;既然无力改变,那就欣然放下。

人生之路，走走停停是一种闲适，边走边看是一种优雅，边走边忘是一种豁达。所以，不论生活有多少挫折，请用嘴角上扬的弧度，打败它。不管你此刻正经历着什么，痛苦或者不安，请你相信痛苦不过是纸老虎，最怕的是你的不在乎。林语堂说：人生在世，还不是有时笑笑人家，有时候给人家笑笑。生活心态决定人生，关于往事就让它随风吧。敬过往一杯酒，往事不回头，余生不将就。

此后，不为往事扰，余生只愿笑。

所有的失去，都会以另一种方式归来

1

曾有人问我：失去的东西回来了，还要吗？我回答说：就像曾经丢了一粒扣子，等找到那粒扣子的时候，我早已经换了一件新衣服。人大部分的痛苦，都是不肯换场的结果，大部分的哀伤，只是源于执念太深。好在上天是公平的，有人惹你哭就有另一个人来逗你笑，所有的痛苦都会过去，所有的失去都会以另一种方式重新拥有。

2

我的好闺密这个周末就要结婚了，她的新郎正满面春风地和我们寒暄，递邀请函。然而，去年的这个时候，我还记得她一个人眼里噙着泪，拖着行李漂洋过海去和前任谈分手。与其说是谈分手倒不如说是尽最后的努力去挽留，毕竟那是一场从青涩到成熟一共 7 年，几乎横跨了她整个青春的爱情。但是男孩在出国之后，还是另结了新欢。接到分手电话的那一刻，她说她整个人感觉被抽走了身上所有的力量，就连呼吸都觉得疲惫。紧接着抱着非要问清楚的不甘心，倔强的她花光了为数不多的积蓄，绕大半个地球去要个答案。

你永远挽回不了一个不爱你的人。其实谁都没有错，都是命定的缘分，来的时候无法躲避，走的时候无法挽留。他跟你终究不合适，就像 37 码的鞋遇上 42 号的脚一样，不怪鞋也不怪脚。回来的时候，她在飞机的角落里泣不成声。

原以为此生不会再爱，但兜兜转转，还是遇上了一个更好的人。能走开的，都不是最爱；走不开的，是命定。好在，当她绝望得以为此生不会再爱的时候，转角还是遇到了另一个人，当她觉得心口扎了一刀痛得快要死去的时候，时间还是将它治愈了。

宫崎骏说：没有不可以治愈的伤痛，没有不能结束的沉沦。很多时候，很多事情，走不到圆满的结局，错的不是人，是时间。但所有失去的，会以另一种方式归来。比如，那个让你曾放下所有骄傲去迁就的人离开了，没关系，自有另一个人帮你重塑你的骄傲，护你一生安好。你有过的每一场心碎，最后都会换一个人来，帮你一片片拾起，拼凑如初。就像张小娴说的那般：总有一天，你会对着过去的伤痛微笑，你会感谢离开你的那个人，他配不上你的爱、你的好、你的痴心。他终究不是命定的那个人，也幸好他不是。

有人问：为什么往往有了爱下去的真心，却失去了值得交付的爱人？答案是：因为时间会让你遇见更好的人。

3

其实，生命本身就是个在"不断失去"与"不断得到"中循环往复的过程。往往你以为是失去，回过头来看，也许会发出"幸好当初没有"的感叹。甚至当你被逼到绝境不得不放手一搏时，也许在不远的将来你会感恩当时没有选择安逸，而是选择了拼搏。你以为的失去，其实不过是为了迎接你的另外一种"得到"。

只有到最后关头，你才会恍然大悟生命到底给你布下了什么套路。很多事情，自有天机，你看不透天机，但是与其在那种困境中垂头丧气，一蹶不振，还不如振作起来去寻找新的可能。抱着积极乐观的心态，不畏艰难险阻，或许一个转身，你就会撞上机遇。

我有个朋友，年少时就立志要当作家。但连续考了三年的文学研究生都没考上，一度沮丧到几乎万念俱灰。当他以为此生与梦想无缘，待业在家思考余生去处时恰逢新媒体兴起。因为热爱写作，所以他闲来无事就开了账号写写这三年的感悟，结果赶上了"风口早班车"，再加上他扎实的文学功底，文字和经历能引起很多人的共鸣，后来便成了一名小有名气的作家。

世事就是这么难料，但付出和收获永远是对等的，只是你不知道努力最终会以什么形式回报到你的身上。所以，没有什么事是绝对的好与坏，人生就像个万花筒，有时候换个视角就可以看到不一样的风景。没有命定的不幸，只有死不放手地努力，换个角度看问题，也许就能柳暗花明又一村。

4

作家耿帅说过：生活还没有教会我们一笑而过的本领，我们还是会一次次地摔倒，只是不会再那么害怕疼痛了。没有了软肋，也就不需要铠甲，爬起来拍拍土，继续向前走，伤口总会愈合。

每个人都在自己的世界里承受着这样或那样的痛，所幸，你永远都有时间从头再来。失去一个人的时候，你一定也以为此生注定孤独，但你也可以转角就遇到一个爱你如命的人。当你被生活折磨得痛不欲生时，你会抱怨世道不公，可当你迈过那个坎儿，回顾过往时会突然意识到那也是命运的另一种馈赠。

人正是在承受一次次的失去中一点点成长为更强大的自己。你所遇见的每一个人和不同时间看到的世界，只是为了让你完成一场人生的修行，遇到的人，历经的事都有其意义。如果事与愿违，请相信另有安排；所有失去的，都会以另一种方式归来。

25 岁，在劫逃不逃？

1

都说 25 岁是个坎。安妮宝贝在《七月与安生》里说：25 岁之前叫流浪，25 岁后叫浪。这是一个尴尬的节点。

阿布在她 25 岁生日的那天，鼓动自己去参加了一场派对。她隐没在一群狂欢的年轻人中，面无表情地盯着舞台上五颜六色的头发还有一浪高过一浪的音乐，其实没有那么喜欢，更多的是焦躁和疲惫，而她去也仅仅只是想证明自己青春尚在。越想拼命去证明的东西，越是证明它在逐渐消失。

我们没有了那种放肆的精力，没有了挖掘世界的好奇心，没有了追捧潮流的冲动，也早已丧失了那种天地无畏的勇气。

25 岁，在劫难逃的衰老。

2

　　这一年阿布参加了几场同学聚会，出现在一个又一个同学的婚礼上。好友在数月之内闪婚，阿布看见她笑靥如花，整个人被幸福的光芒笼罩着。隐约记得她在灿烂的年龄里爱过一个男孩，为他哭泣落泪，为他憔悴伤神，而今不管曾经几何，总归是尘归尘，土归土，桥归桥，路归路了。又突然想起那些年，大家晃着脚丫说永远不嫁人的童言稚语，咬着耳朵说要一辈子伴你左右的烂漫时光，只觉得亲切可爱而又莫名感伤。

　　就在这一年里她发现，那些年的同桌的你，前桌的她，都嫁作他人妇或者已为人夫、人父，也许其中很多人的结合无关爱情，只关乎合适。父亲对她说："婚姻有时候更像人生的使命和责任。"

　　25 岁，气若游丝的情爱信仰。

3

　　毕业后的那一年，班长举着酒杯说："但愿大家前程似锦，以后有空常聚。"转眼间各奔东西，大家奔波在各个城市，尝着人生数不尽的酸甜苦辣。见过凌晨四点半的城市，也熟悉深夜十点半的地铁，习惯了热气腾腾的人群，泯灭了不少当初的热血，也怨透了暗潮涌动的各家心思。

阿毛的梦想是当演员，毕业之后她选择了北上，住在北六环，早上坐两个钟头的车上班，用心地维护着这个似乎看不到头的小日子。她的父母开始催促她回家，希望她可以在家乡做个小买卖安度人生，但是她拒绝了。我问她到底是怎么想的，她用《七月与安生》的台词回答我：女孩可以走的路很多，人生折腾点未必不幸福，只是很辛苦。

可能阿毛才是最幸福的，因为当我们翻开新聚会的相册，看到那么多的人早早地显示出一副世故的模样，酒桌前臃肿的面庞，浮夸的笑容，也许他们早就忘记了他们最初的梦想。

25 岁，初心不再的事业。

4

有一次在路上偶遇了我的大学同学，他毕业后成了一名程序员，在一家不小的企业里常常加班到深夜，梦想将来在这个行业里自主创业，在我们落座后他就不断自嘲自己的职业和黑眼圈，饭饱酒酣之时，他开始聊起那段青春时光。最后，他突然说："我周末去文身了。""文了什么？"我问。"永远年轻，永远热泪盈眶。"说完我们都笑了。

他一如当初那个他，只是更饱满更丰富却一点也不沧桑和衰老。我不禁领悟，其实年龄更多的是我们的借口，当我们没有勇气和毅力再去坚持一些东西的时候，我们总戏称"我老了"。

高中那年，语文老师说他有个同学为了考上北大复读了 8 年；大学的时候，有个学长为了考人大的研究生奋战了 3 年。

我们总视他们为疯子，但我们却没胆量没魄力像他们一样去为年轻时的那点信仰孤注一掷、放手一搏。一个无法自力更生靠职业获得成就感的女人或是一个没有目标浑浑噩噩过日子的男人，因为不够强大，所以总在想妥协想偷懒的时候，抓一块遮羞布，比如我都 25 岁了。

25 岁，没有什么了不起的。年龄其实摧毁不了任何东西，只是当年龄给你邂逅的人生一个阶梯下时，但愿你不要扑通一声突然跪下。

最好的生活：兜里有钱，身边有人，心里有光

1

什么才是人世间最大的幸福？

当我们尝尽人生百味，看尽世事繁华，你会愈加笃信：最好的生活，莫过于兜里有钱，身边有人，心里有光。

2

最好不过，兜里有钱。

"人到了一定年纪，兜里一定要有一点钱。"我有个同事在一次酒后，痛心疾首地对我们说了这句话。

因为他的孩子是个早产儿，体弱多病，有一年被送进了急诊室。当他面对巨额医疗费时，陷入了前所未有的焦虑和恐慌。他厚着脸皮向周遭的亲朋好友借钱。其中有一个亲戚家中较为阔绰，于是他觍着脸在他家干巴巴坐了1

个多小时，最后对方才犹犹豫豫地给了张支票，并递过来一张欠条，再三和他确认还款日期。

为了帮孩子治病，他的父母亲 70 岁高龄了还在打工帮他筹钱。新年的时候，二老为了安慰他，包饺子时把塞了钱币的饺子偷偷都盛到他碗里，告诉他"新年要发财了，一切都会好起来的"，一个三十几岁的男人一边吃，眼泪一边吧嗒吧嗒地滴进碗里。

他说当时心里除了感恩，更多的是惭愧。所以，不要嘲笑那些顶着脱发、长胖的风险，还在拼命加班的男人女人。

年轻时会说钱不是万能的，但只有当我们兜里有钱时，才有资格云淡风轻地说出来。

如今的他，经过自己的努力，开始有了存款，孩子健康，父母安享晚年，夫妻和睦。所以，他常说："能够有钱有能力，不被现实左右，护一家安好，便是一种幸福。"

人这一生，会遇到多少考验是不可知的，但钱至少给了我们对抗坎坷前路的底气。人来世间走一遭，第一大幸，莫过于在吃饱穿暖之外，面对花钱，气定神闲。

3

最暖不过，身边有人。

每个人在这世界都是一座孤岛。往往你不懂我，我不懂你，隔着微信的屏幕，各怀心事。但如果能有一人，看穿你的脆弱，怜惜你的慌张，呵护你的童心，那便是人世间一大幸运。

比如我的发小，最近刚刚结婚。婚礼当天，我赶了一天的路，去参加她的婚礼。我是这个从小寡言，却内心纯善的姑娘爱情的见证人，发自内心为她感到高兴。因为终于有个人，坚定地站在平凡的她的身边，想要一生待她如珍宝。

大学的时候，她生病时，他端汤送药；她难过时，他耐心安慰；她嗔怒时，他第一个低头认错……毕业后，两个人因为工作聚少离多，但是这么多年，再多的挫折两人也并肩走了过来。不自信的她，曾数次追问他："你爱我什么？"而他给出的回答永远是："我爱的，只因你是你。"

婚礼上，她接过主持人的话筒，也对我们的友谊说了很多感谢的话。其中有一句，让我印象尤为深刻："平凡如我，虽然爱人唯一，闺密唯一，但是足矣，感谢上天的成全和眷顾。"

是的，不是每个人都有那样的幸运，一生被众人呵护。但何必奢求每一个人都懂你？爱人有一，知己一二，好友二三，便足矣。

《海绵宝宝》里有一段很可爱的对话，感动过无数人。

派大星："嗨，海绵宝宝，我们去抓水母吧。"

海绵宝宝："对不起，今天不行，我要上学。"

派大星："如果你去上学的话，我今天该干点什么？"

海绵宝宝："我不知道，一般我不在家的时候，你都干些什么啊？"

派大星："等你回来。"

幸福莫过于，不管你走得多远，总有人牵挂你；不管你多晚归，总有一盏灯为你点亮；不管你多落魄，多狼狈，总有那么一两个人，站在你身边。

金庸老先生说："你瞧这些白云聚了又散，散了又聚，人生离合，亦复如斯。"红尘中，多少人来来往往，能在你生命中驻足停留的，便是命运的馈赠。

4

最美不过，心里有光。

都说，没有一个成年人的生活是容易的。

所以，能有一颗正能量的通透心，尤为可贵。

在每个人的成长过程中，都会看到不同的风景，领略到不一样的喜怒哀乐，爱恨情仇。这就是人生。无论经历什么，请始终保持一颗虔诚、明亮的包容之心。

知足常乐，再大的困难，都能用最积极的心态去面对，让快乐多于哀愁，便是生而为人的一种成功。

不求大富大贵，但求平安喜乐地过一生：不忍寒挨饿，有知己一二，活得通透淡然，便是生而为人的一种福分。

愿你我，都能活得兜里有钱，身边有人，心里有光。在这个世界，修得一颗平常心，平安喜乐过一生。

在最好的年华里活出丰盛耀眼的自己

1

当你尚未结婚时，一定会收到很多来自已婚人士的善意建议："趁还没结婚，赶紧出去浪。"这个浪，指的是多谈几次恋爱，多见一些人，多走一些地方，多听一些故事……

因为还没有家庭琐碎的牵绊，有想走就走的自由；因为没有孩子的牵挂，所以想怎么玩就怎么玩；因为没有经济压力，所以想走多远就走多远……

我也支持趁我们还没结婚，赶紧出去长长见识。除了上面的原因，更重要的是因为：出发，是可以帮助我们更好地归来。

多谈几场恋爱，才知道自己想要什么。对于浑浑噩噩的恋爱，罗永浩在他的《我的奋斗》中写得很形象：年轻时候该玩不玩、该谈恋爱不谈，然后到了二十八九岁，三

十岁，眼看父母家人所有亲戚长辈全着急了，就急急忙忙
谈了一个恋爱，谈了两个多月就结了婚，结了婚一年就生
了孩子。然后这帮家伙到了三十五六岁，有一天忽然醒悟
了，觉得，哎呀，我马上就人到中年了，我这辈子都没怎
么开心过，都没玩过。

于是这帮家伙想了半天，决定开心一下的结果就是，
犯下各种错。所以，恋爱，也是我们年轻时的使命。因为
我们要在恋爱中，学习如何爱人以及被爱。

从青春岁月时遇见的那个少年身上，你明白什么是干
净；从那个放浪形骸的年轻人身上，你懂得什么叫对的时
间遇上不对的人；直到遇见那个给你熬粥的小伙，然后你
明白岁月静好不过如此……

多谈几场恋爱，多遇见几个人，才明白，什么才是自
己想要的爱情，想要的人，以及想要的生活。冯唐就奉劝
年轻人：多多谈恋爱，哪怕坠入贪嗔痴，哪怕爱恨交织，
多去狂喜和伤心，这些无可奈何花落去，机器体会不了。

如果你喜欢谁，那就尽全力去喜欢。或许会让你撕心
裂肺，但每一次恋爱，何尝不是一场重生，一种成长。

2

多看些风景，才知道自己是什么。

我有个朋友，现在是一个 3 岁孩子的妈妈。有时候谈

起过去，她感慨说那时候真有趣啊。假期扛着背包说走就走。走过川藏线，沿途看遍绮丽山水；在苍山洱海边住过，从鸟鸣声中醒来；听过地中海海岸的浪涛声，在漫天黄沙的西北抚摸过骆驼……

她说："走过了很多路，看过了很多风景，见过了很多人，我的世界不知不觉就被撑大了。"见得越多，也就越懂得接纳和放下。哪怕生活中有的是世事无常，但一颗丰富、广阔、饱满、豁达的心，就是可以给你无穷的力量。

有时候会因为孩子和家务，让自己很压抑，但是她更懂得如何去调节自己的负能量。她知道天地何其广大，我们多么渺小。知道俗世之间多苦恼，你我皆不能幸免。在被生活压得不得喘息时，明白这些不过尔尔，还有什么好纠结痛苦的呢。

出走，是为了遇见更好的自己。都说，优秀的人，都喜欢出去浪，他们带着一颗不安分的心，去放飞勇敢的自己。他们不怕沿途的艰难险阻，尽情感受这个时代的刺激；他们有茂盛的好奇心，急于用行动去验证自己的猜想；他们热爱这个世界，拥有蓬勃的激情去拥抱未知；他们为一切美好的事物疯狂，为所有的挑战不遗余力……他们接受所有挑战和冒险，因为，年轻给了他们足够的资本。

我有个学姐，就是很典型的"浪"。宅不住，听说哪里有好看、好玩的，有机会就会去尝试。蹦得了迪，也读得进书；穿得了运动服，也穿得了礼服；吃得了高级晚宴，也在路边摊放纵过自己的胃……

大家对她最大的感受就是见多识广，豁达通透，勇敢坚韧。但她却说，与其说她优秀才会格外爱出门浪，还不如说是，出门浪的日子，一点点把她塑造成这样的人：勇敢、激情、充满好奇、乐观积极……

她是在这条路上一路看，一路成长起来的。你看，我们看过的风景，听过的故事，遇见的一切，就是可以让我们成为更好的人。

成长是为了更强大，为了更好地承担责任。这种丰富阅历累积过后，帮助我们成为一个更为成熟的人。也会有更强大的内心去反哺我们的家庭，以及更好地经营自己的人生。比如我那个学姐，因为自己足够优秀，所以也就遇见了一个更好、更适合她的人。他们的孩子会很骄傲地说："我妈妈什么都懂"，她的丈夫会很迷恋她的豁达性情，她的家人信任于她的成熟和见多识广……

"浪"过的我们，不再是那个被一点挫折就挫光锐气的小姑娘小伙子。相反，我们从一次次的猎奇和奔跑中，不断拔节生长。

3

未婚，是最好的增值期。

"人的一生是见天地，见众生，见自己的过程。"见天地，开阔眼界；见众生苦，知道自己如此幸福；见自己，每日三省，做更好的自己。见过天地有了眼界，但是有眼界还不够。只有明白众生的苦，才能懂得自己的甜。

人生中，每一个阶段都有它该做的事情。年轻的时候，就该努力地去爱、去活，才更能参透自己这一生要怎么活。因为尽力去活得精彩，也就不至于给未来留遗憾，说自己曾经浪费了大好时光；因为曾经那么用力地绚烂地活着，若干年后，你也更能甘于享受当下的庸常生活。

"浪"过，才不负来人世走一遭。想象一下，夕阳西下，你在庭院里支一张藤椅，泡一壶茶，惬意优哉。边喝茶边听孙子抱怨生活的困厄，感情的羁绊……

许久之后，你给出了最意味深长的建议。孙子问："奶奶（爷爷）你怎么知道这么多？"你笑着说："因为你奶奶（爷爷）我年轻时，比你浪多了。"

没事早点睡，有空多挣钱

1

那些我们所困扰的事情，无非是因为赚钱太少，而且还睡得不好。

早睡，能解决 80% 的问题。

我有个好朋友，当年就曾因为失恋的影响，不仅丢了工作甚至还丢了健康。那一年，她正满心欢喜地准备要嫁给当时的男朋友，却没想到在婚期的两个月前，男朋友却因为喜欢上了别人和她提出了分手。因为这段持续了七年的感情，几乎霸占了她生命里最重要的位置，要将它抽离出来，一时之间实在太难接受，她试图挽回那段感情，但都无能为力。于是便引发了漫长的抑郁期：她经常整夜整夜地流泪，整夜整夜地失眠，茶饭不思的她躺在床上一发呆就是一天。

因为身心都没安顿好，更多的问题接踵而至：她开始脱发，还得了胃病，身体不好更进一步影响到她的情绪，情绪影响了工作……一切仿佛陷入了一场无休止的恶性循环。后来医生给她提建议，让她没事早点睡，有什么苦恼明天再去想。当她养足了精神，情绪和生理机能就恢复得很快，一切也就慢慢步入了正轨。

有个读者给我留言，问我怎样才能戒掉熬夜翻看前任朋友圈的习惯。熬夜的人其实很困，只是心中一直有所期待和牵挂，总抱着下一秒可能会有惊喜的幻想，所以一再等待。可是被爱的人不流泪，幸福的人不晚睡。值得你爱的人不舍得你熬夜，让你熬夜的人不值得你爱。熬夜解决不了任何问题，反而会让悲观情绪在深夜里愈发肆虐。倒不如到点儿了蒙头大睡，养足了精神再去面对。一个能量满满的自己，生活中还有什么坎儿过不去？

2

忙，包治百病。

在美剧《生活大爆炸》里，谢尔顿有一句经典台词：依我看，你所有的问题，都可以通过多挣钱来解决。

人这一生，总有无数个令我们丧气的时刻。例如人际不顺、工作受阻甚至婚姻矛盾……很多的问题，你细究到底不过是因为太闲了。

朋友和我讲过她的故事：她最闲的那段时间也是她人

生最困顿的时期。孩子长大去了外地上学，丈夫业务拓展频繁出差，她常常一个人赋闲在家。虽然表面上看起来很舒心，可是事实上她的内心焦虑无比。她会频繁地给孩子打电话，以至于孩子都抱怨妈妈烦；她会低声下气地询问丈夫近况，催促他快点回家；她开始格外关注别人家"出轨劈腿"的八卦，并情不自禁地怀疑自己的丈夫，生出莫须有的恐惧；她会把焦虑的情绪传递给她的亲人和朋友，对小事耿耿于怀，身上充满了负能量……

终于，在一次和丈夫的大吵之后，经过一场反思，她决定重拾技能投入职场。如今，她已经在原有的岗位上干得风生水起了。

当你有钱有事业的时候，你的格局是会相应地提高的，你不会被家里的四方天地所局限，你可以去探索广阔无垠的碧海蓝天。你没空去猜测刚刚那个女人为什么白了你一眼，也没空去追踪丈夫昨晚为什么晚一个小时回家，更没空一天给别人打无数个电话抱怨生活琐碎……相反，你手里有活儿，车子有油，兜里有钱，手机有电，你有的是满满的充实感和安全感。

3

忙碌和早睡真的是治愈心疾的良方。

作家桥本纺在《流星慢舞》里描述了这样一个情节：

当男主角因为恋人的意外丧生而深陷痛苦时，他的父亲无意间对他说的一句话点醒了他——无论生活会变得如何都无所谓，只要往前走就会有新的发现，有时候可能会因为刺痛而痛苦难过，但那也是很不错的经验。对爸爸来说，在原地踏步反而更痛苦。

光想其实什么也改变不了，干脆养足精神再说。光怕也解决不了问题，干脆豁出去迎难而上。当你又忙又美的时候真的没时间忧伤，不会再为一点小事伤心动怒，也不会再为一些小人愤愤不平。摆脱你所厌恶的人或事的最好方法莫过于努力跳出那个令你疲惫的圈子。

有句话说得好：所谓的好日子，不过是吃好睡好，所爱之人全部安好。微博专栏作家扶南也说：这个世界上，并不一定每个人都有条件或者运气活成比其他人更出色的样子。但是比起物质和社会地位的提升，我更希望，即便就是个普通人，开普通的车，住普通的小区，但是不管我们遇到多大的困难，都能始终追寻生命里最光彩的一面，不带任何戾气活得上进平和。

没事早点睡，有空多挣钱！最后你就会发现，那些曾以为熬不过的事，居然已经不知不觉都过去了。